湖南省矿产资源资产清查试点方法与实践

Pilot Method and Practice of
Mineral Resource Asset Inventory in Hunan Province

张锦煦 周 勇 曾风山 李筱英 孟 杰 林碧海 文成雄 等 ◎ 著

中南大学出版社
www.csupress.com.cn
·长沙·

图书在版编目（CIP）数据

湖南省矿产资源资产清查试点方法与实践 / 张锦煦
等著. --长沙：中南大学出版社，2025.8. --ISBN 978-
7-5487-6400-7

Ⅰ. F426.1

中国国家版本馆 CIP 数据核字第 2025FE9997 号

湖南省矿产资源资产清查试点方法与实践
HUNANSHENG KUANGCHAN ZIYUAN ZICHAN QINGCHA SHIDIAN FANGFA YU SHIJIAN

张锦煦　　周　勇　　曾风山　　李筱英
　　　　　　　　　　　　　　　　　　　　等◎著
孟　杰　　林碧海　　文成雄

□**出 版 人**　林绵优
□**责任编辑**　刘小沛
□**责任印制**　李月腾
□**出版发行**　中南大学出版社

　　　　　　　社址：长沙市麓山南路　　　　　邮编：410083
　　　　　　　发行科电话：0731-88876770　　传真：0731-88710482

□**印　　装**　广东虎彩云印刷有限公司

□**开　　本**　710 mm×1000 mm 1/16　　□**印张** 12.75　　□**字数** 257 千字
□**版　　次**　2025 年 8 月第 1 版　　　　□**印次** 2025 年 8 月第 1 次印刷
□**书　　号**　ISBN 978-7-5487-6400-7
□**定　　价**　68.00 元

图书出现印装问题，请与经销商调换

作者简介

张锦煦　男，高级工程师，现任湖南省地质调查所矿产资源调查中心主任，湖南省自然资源资产咨询专家库专家。主要从事矿产勘查、自然资源资产权益管理研究。主持国家级试点项目 10 个，主持或专业负责省部级项目 12 个；主持科研项目 11 个，其中国家级和省部级项目 7 个。获中国有色金属工业科学技术奖一等奖 1 项，获湖南省地质科技进步奖二等奖 1 项，发表科技论文 22 篇，其中 SCI 2 篇，中文核心 4 篇，国家级刊物 4 篇，省部级刊物 12 篇。矿产资源资产全链条权益管理相关研究成果被国家采用，自然资源部权益司 2022 年、2023 年连续两年专门发来感谢信。

周　勇　男，高级会计师，现任湖南省地质调查所党委副书记、副所长。2017 年提出自然资源资产"数字化、资产化"的管理理念，其后提出"自然资源资产负债"雏形。

曾风山　男，高级工程师，现任湖南省地质调查所党委书记、副所长。长期从事自然资源调查监测、自然资源全链条管理、自然资源公共事务管理等相关研究工作。

李筱英　女，政工师，现任湖南省地质调查所组织人事部干事。主要从事公共事业管理研究和自然资源资产权益管理研究，参与全民所有自然资源资产所有权委托代理机制、自然资源资产清查技术体系等研究工作，发表学术论文 3 篇。

孟　杰　男，工程师。现任湖南省地质调查所自然资源权益调查中心副主任，主要从事地质调查与矿产勘查和自然资源资产权益管理研究。主要负责和参与国家级试点项目和省部级项目 10 余个，获湖南省地质科技进步奖二等奖 1 项，发表学术论文 8 篇。

林碧海 男,高级工程师。现任湖南省地质调查所自然资源权益调查中心项目负责人,主要从事地质调查与矿产勘查、自然资源资产权益管理研究。主持和参与省部级项目 17 个,发表学术论文 9 篇。

文成雄 男,高级工程师。现任湖南省地质调查所自然资源权益调查中心项目负责人,主要从事地质调查与矿产勘查、自然资源资产权益管理研究。主持和参与省部级项目 19 个,获湖南省地质科技进步奖二等奖 1 项,发表学术论文 12 篇。

《湖南省矿产资源资产清查试点方法与实践》
专家委员会

主 任

王　群　董国军

委 员

刘大荣　李梦瑶　吴能杰　魏方辉
熊　娟　郑正福　唐富茜　徐娅楠
董君博　吴潇涵　肖雅迪　熊思如
杨昊旻

前　言

　　党的十八大以来，我国自然资源资产管理体制进入了全面深化改革阶段。为全面贯彻习近平新时代中国特色社会主义思想，落实习近平生态文明思想，按照"两统一"职责的要求，推动解决"底数不清"等自然资源管理突出问题，建立健全资产清查制度，夯实全民所有自然资源资产管理基础，切实落实和维护国家所有者权益。自然资源部先后开展了三批全民所有自然资源资产清查试点工作。

　　矿产资源资产清查是全民所有自然资源资产清查的重要内容，是国有自然资源资产管理制度建设的重要组成部分，是推动生态文明建设工作的重要手段。湖南省矿产资源丰富，素有"有色金属之乡""非金属矿产之乡"之称。截至 2020 年底，全省已发现矿产 121 种，探明资源量的矿产 88 种，矿产地 3000 余处，上表矿区 1226 处，锑、铋、锰、钒、钨、锡、锌、普通萤石、隐晶质石墨、重晶石等矿产保有资源量全国领先；湖南省现有探矿权 759 个，涉及金、铅、锌、钨、锡、锑、煤炭、铁、锰、铜等 43 个矿种；现有采矿权 3564 个，已开发利用金、钨、锑、铅、锌、煤炭、水泥用灰岩等 94 个矿种。2020 年全省开采固体矿石 5.66 亿吨，其中砂石矿 4.47 亿吨，其他矿石 1.19 亿吨。"十三五"期间，全省矿山采选业年均产值 973 亿元，已基本形成以锑、铅、锌、锰、铋及贵金属冶炼加工和盐-氟化工、玻璃陶瓷水泥石材生产、地热矿泉水利用等为主体的产业格局。

　　自全民所有自然资源资产清查试点工作开展以来，湖南省积极响应，严格按照有关要求，并结合本省实际，相应地开展了一系列全民所有自然资源资产清查试点工作。2019 年 10 月—2020 年 4 月，湖南省自然资源厅对常德市本级发证矿山和常德市辖区、攸县及澧县行政区划内省、市、县三级发证矿山进行了矿产资源资产清查试点工作。2021 年 5 月—2022 年 10 月，湖南省自然资源厅在常德市开展了第二批矿产资源资产清查试点工作。2022 年 4 月—2023 年 12 月，湖南省自然资源厅开展了湖南省 2020 年度和 2021 年度全民所有自然资源资产摸底清查工作。2023 年 8 月—2023 年 12 月，湖南省自然资源厅在衡阳市、岳阳市、郴州市开展了委托代理机制试点地区矿产资源资产清查试点工作。经过多轮试点工作实践后，矿产资源资产清查工作已取得显著进展，技术标准与体系也已基本建立并逐步完善，同时也发现了工作中的一些问题。基于此笔者撰写了《湖南省矿产资源资产清查试点方法与实践》一书，旨在总结和提炼湖南省矿产资源资产清查试点工作实践经验，为国家建立健全矿产资源资产清查制度和全面开展矿产资源资产清查工作提供地方经验和借鉴，为构建矿产资源资产清查相关理论提供实证和案例。

本书分为六章。第一章为绪论，介绍了矿产资源资产清查试点工作的背景和意义、有关概念的界定及矿产资源的基础现状；第二章为湖南省矿产资源资产清查第一批试点；第三章为湖南省矿产资源资产清查第二批试点；第四章为湖南省委代地区矿产资源资产清查试点；第五章为湖南省矿产资源资产摸底清查，分别梳理了湖南省矿产资源资产清查三批试点和摸底清查的项目概况、技术路线与工作方法、工作概况、成果说明及工作总结；第六章为结语，主要基于清查试点工作经验，提出关于强化清查工作机制、完善清查技术方法和加强成果分析应用的思考。

本书详细讲述了湖南省矿产资源资产清查三批试点和摸底清查工作开展情况，是对湖南省矿产资源资产清查试点技术方法创新研究和工作成果的展示，也是对下一步如何推进矿产资源资产清查工作的思考。本书可为全国矿产资源资产清查工作提供借鉴，也可为矿产资源资产管理相关领域的学术研究提供参考，同时可作为矿产资源资产管理相关业务工作人员的工作参考用书。

本书由湖南省地质调查所工作人员联合撰写。张锦煦负责统稿和技术把关，周勇负责价格体系建设和经济价值估算相关内容统筹和技术把关。书稿主要由张锦煦（第一、二、三、四、五、六章）、周勇（第一、二、三、四、五、六章）、曾凤山（第三、四、五、六章）、李筱英（第三、四、五、六章）、孟杰（第三、四、五、六章）、林碧海（第三、四、五章）、文成雄（第三、四、五章）撰写。魏方辉、熊娟、郑正福、唐富茜、徐娅楠、董君博、吴潇涵、肖雅迪、熊思如、杨昊旻等参与了资料收集和整理工作。同时，在资产清查工作和本书撰写过程中，均得到了湖南省自然资源厅王群、刘大荣、李梦瑶等同志和湖南省地质调查所曾风山、董国军、吴能杰等同志的专业指导和大力支持，在此表示诚挚感谢。

矿产资源资产清查作为全民所有自然资源资产清查的重要内容，经过多轮试点工作实践后，相关工作已取得显著进展，技术标准与体系也已基本建立并逐步完善，但相关研究和业务工作还需不断优化和探索研究，技术方法和成果应用尚有许多不确定性，本书仅为当前湖南省矿产资源资产清查试点实践的阶段性成果。鉴于矿产资源资产清查工作涉及学科多、内容繁杂，受编者的知识水平和工作能力所限，书中错漏在所难免，敬请读者批评指正和谅解。

著 者

2024 年 11 月

目 录

第一章 绪 论

矿产资源资产清查是全民所有自然资源资产清查的重要内容，是国有自然资源资产管理制度建设的重要部分，是推动生态文明建设工作的重要手段。改革开放以来，我国全民所有自然资源管理相关工作取得重大进展，在促进自然资源节约集约利用和有效保护、维护所有者权益方面发挥了积极作用，为我国新时代生态文明建设积累了先行经验，但依然存在资源资产底数不清、所有者不到位、责权不明晰、权益不落实、监管保护制度不健全等问题。因此，全面开展矿产资源资产清查势在必行。

第一节　工作背景和意义

一、矿产资源资产清查背景

(一)清查制度构建

党的十八大以来，我国自然资源资产管理体制进入了全面深化改革阶段，先后做出一系列重大决策部署，出台了一系列政策方针。通过全面深化改革、全面推进依法治国，逐步形成了以生态文明体制、全民所有自然资源资产有偿使用制度、国务院向全国人大常委会报告国有资产管理情况制度、自然资源资产产权制度为核心的管理体制。

1. 全面深化改革、全面推进依法治国

2013 年 11 月，中国共产党第十八届中央委员会第三次全体会议通过《中共中央关于全面深化改革若干重大问题的决定》。要求加快生态文明制度建设，健全自然资源资产产权制度和用途管制制度、实行资源有偿使用制度和生态补偿制度；明确提出要健全国家自然资源资产管理体制，统一行使全民所有自然资源资产所有者职责；探索编制自然资源资产负债表，对领导干部实行自然资源资产离任审计；加快自然资源及其产品价格改革，全面反映市场供求、资源稀缺程度、生态环境损害成本和修复效益；坚持使用资源付费和谁污染环境、谁破坏生态谁付费原则，逐步将资源税扩展到占用各种自然生态空间。

2014 年 10 月，中国共产党第十八届中央委员会第四次全体会议通过《中共中央关于全面推进依法治国若干重大问题的决定》。要求强化对行政权力的制约和监督；明确提出要完善审计制度，保障依法独立行使审计监督权；对公共资金、国有资产、国有资源和领导干部履行经济责任情况实行审计全覆盖。

根据全面深化改革、全面推进依法治国的要求，自然资源的资产化管理成为自然资源管理的发展趋势。国家同步开展了自然资源资产清查探索的工作，在促进自然资源保护和合理利用、维护所有者权益方面发挥了积极作用。

2. 生态文明体制建设和改革

2015 年 4 月，中共中央 国务院印发《关于加快推进生态文明建设的意见》(中发〔2015〕12 号)。要求以基本确立生态文明重大制度为主要目标，基本形成源头预防、过程控制、损害赔偿、责任追究的生态文明制度体系，自然资源资产产权和用途管制、生态保护红线、生态保护补偿、生态环境保护管理体制等关键制度建设取得决定性成果。

2015 年 9 月，中共中央 国务院印发《生态文明体制改革总体方案》(中发〔2015〕25 号)。提出构建起由自然资源资产产权制度、国土空间开发保护制度、空间规划体系、资源总量管理和全面节约制度、资源有偿使用和生态补偿制度、环境治理体系、环境治理和生态保护市场体系、生态文明绩效评价考核和责任追究制度等八项制度构成的产权清晰、多元参与、激励约束并重、系统完整的生态文明制度体系，推进生态文明领域国家治理体系和治理能力现代化，努力走向社会主义生态文明新时代。

生态文明建设和体制改革提出了自然资源资产产权、资源有偿使用和生态补偿、生态文明绩效评价考核和责任追究等制度的建设要求;明确要建立统一的确权登记系统和权责明确的自然资源产权体系,健全国家自然资源资产管理体制,探索建立分级行使所有权的体制,加快自然资源及其产品价格改革,完善土地、矿产资源、海域海岛有偿使用制度,加快资源环境税费改革,完善生态补偿机制,探索编制自然资源资产负债表;对加快建立系统完善的生态文明制度体系,加快推进生态文明建设,增强生态文明体制改革的系统性、整体性、协同性具有重大意义,不仅有序推进了自然资源资产管理体制改革,而且正式拉开了自然资源资产清查工作的序幕。

3. 全民所有自然资源资产有偿使用制度改革

2016年12月,国务院印发《关于全民所有自然资源资产有偿使用制度改革的指导意见》(国发〔2016〕82号)。强调自然资源资产有偿使用制度是生态文明制度体系的一项核心制度;要求基本建立产权明晰、权能丰富、规则完善、监管有效、权益落实的全民所有自然资源资产有偿使用制度,使全民所有自然资源资产使用权体系更加完善,市场配置资源的决定性作用和政府的服务监管作用充分发挥,所有者和使用者权益得到切实维护,自然资源保护和合理利用水平显著提升,实现自然资源开发利用和保护的生态、经济、社会效益相统一。

全民所有自然资源资产有偿使用制度改革意见首次提出要协同开展资产清查核算。以各类自然资源调查评价和统计监测为基础,推进全民所有自然资源资产清查核算,研究完善相关指标体系、标准规范和技术规程,做好与自然资源资产负债表编制工作的衔接,建立全民所有自然资源资产目录清单、台账和动态更新机制,全面、准确、及时掌握我国全民所有自然资源资产"家底",为全面推进有偿使用和监管提供依据。这标志着全民所有自然资源资产清查工作将正式启动。

4. 国有资产管理报告制度

2017年12月,中共中央印发《关于建立国务院向全国人大常委会报告国有资产管理情况制度的意见》。要求国务院每年向全国人大常委会报告国有资产管理情况,依法由国务院负责同志进行报告;明确国务院关于国有资产管理情况的年度报告采取综合报告和专项报告相结合的方式,根据各类国有资产性质和管理目标,确定各类国有资产管理情况报告重点,并采取有力措施,科学、准确、及时掌握境内外国有资产基本情况,切实摸清家底;提出要建立健全国有资产管理报告制度,依法明确和规范报告范围、分类、标准;省、自治区、直辖市政府应按照国务院规定的时间、要求,将本地区国有资产管理情况报国务院汇总,国务院编写并向全国人大常委会报告中央和地方国有资产管理情况;按照国家统一的会计制度规范国有资产会计处理,制定完善相关统计制度,确保各级政府、各部门各单位的国有资产报告结果完整、真实、可靠、可核查;加快编制政府综合财务报告和自然资源资产负债表;组织开展国有资产清查核实和评估确认,统一方法、统一要求,建立全口径国有资产数据库;建立全口径国有资产信息共享平台,实现相关部门单位互联互通,全面完整反映各类国有资产配置、使用、处置和效益等基本情况。

2019 年 5 月,十三届全国人大常委会发布《贯彻落实〈中共中央关于建立国务院向全国人大常委会报告国有资产管理情况制度的意见〉五年规划(2018—2022)》。要求全面摸清国有资产家底,理清国有资产管理体制机制,建立健全国有资产管理情况报告和监督制度,为向全国人民交出国有资产"明白账""放心账"奠定坚实基础;到 2022 年,基本建立起报告范围全口径、全覆盖,分类、标准明确规范,报告与报表相辅相成的报告体系;提出要加强沟通协调,积极推动政府部门不断规范和完善国有资产管理情况报告,提高报告质量。

国有资产管理情况制度的建立使报告工作的程序规范性和内容覆盖完整性不断提高,人大的国有资产监督管理职能进一步得到加强,国有资产产权日益明晰;同时也推动了全民所有自然资源资产清查和核算工作的开展。

5. 自然资源资产产权制度改革

2018 年 3 月,中共中央印发《深化党和国家机构改革方案》。为统一行使全民所有自然资源资产所有者职责,统一行使所有国土空间用途管制和生态保护修复职责,着力解决自然资源所有者不到位、空间规划重叠等问题,将原国土资源部的职责,国家发展和改革委员会的组织编制主体功能区规划职责,住房和城乡建设部的城乡规划管理职责,水利部的水资源调查和确权登记管理职责,原农业部的草原资源调查和确权登记管理职责,原国家林业局的森林、湿地等地资源调查和确权登记管理职责,原国家海洋局的职责,原国家测绘地理信息局的职责整合,组建自然资源部,作为国务院组成部门。自然资源部对外保留国家海洋局牌子,主要职责是对自然资源开发利用和保护进行监管,建立空间规划体系并监督实施,履行全民所有各类自然资源资产所有者职责,统一调查和确权登记,建立自然资源有偿使用制度，负责测绘和地质勘查行业管理等。

2019 年 4 月，中共中央办公厅、国务院办公厅印发《关于统筹推进自然资源资产产权制度改革的指导意见》。要求加快健全自然资源资产产权制度，进一步推动生态文明建设。提出以完善自然资源资产产权体系为重点，以落实产权主体为关键，以调查监测和确权登记为基础，着力促进自然资源集约开发利用和生态保护修复，加强监督管理，注重改革创新，加快构建系统完备、科学规范、运行高效的中国特色自然资源资产产权制度体系，为完善社会主义市场经济体制、维护社会公平正义、建设美丽中国提供基础支撑。并明确要求研究建立自然资源资产核算评价制度，开展实物量统计，探索价值量核算，编制自然资源资产负债表；探索开展全民所有自然资源资产所有权委托代理机制试点，明确委托代理行使所有权的资源清单、管理制度和收益分配机制；实现对自然资源资产开发利用和保护的全程动态有效监管，加强自然资源督察机构对国有自然资源资产的监督，国务院自然资源主管部门按照要求定期向国务院报告国有自然资源资产报告；建立科学合理的自然资源资产管理考核评价体系，开展领导干部自然资源资产离任审计，落实完善党政领导干部自然资源资产损害责任追究制度；完善自然资源资产产权信息公开制度，强化社会监督；全面清理涉及自然资源资产产权制度的法律法规，对不利于生态文明建设和自然资源资产产权保护的规定提出具体废止、修改意见，按照立法程序推进修改。

自然资源部的成立与自然资源资产产权制度改革的指导意见的提出，标志着自然资源管理体制改革进入了新的时代。自然资源资产核算评价制度建设是我国首次以国家文件的形式明确自然资源资产的价值。

(二)清查工作试点

以习近平新时代中国特色社会主义思想为指导，深入贯彻习近平生态文明思想，按照"两统一"职责的要求，推动解决"底数不清"等自然资源管理突出问题，建立健全资产清查制度，夯实全民所有自然资源资产管理基础，切实落实和维护国家所有者权益。自然资源部于 2019—2023 年先后开展了三批全民所有自然资源资产清查试点工作。湖南省积极响应，严格按照有关要求，并结合本省实际，相应地开展了一系列全民所有自然资源资产清查试点工作。

1.资产清查第一批试点

为加强全民所有自然资源资产管理，摸清全民所有自然资源资产家底，切实履行全民所有自然资源资产的所有者职责。2019 年 9 月，自然资源部办公厅印发《关于组织开展全民所有自然资源资产清查试点工作的通知》（自然资办函〔2019〕1711 号）文件，确定在河北、江西、湖南、青海、宁夏等 5 个省（区）开展全国第一批全民所有自然资源资产清查试点。

2019 年 10 月，湖南省自然资源厅印发《湖南省全民所有自然资源资产清查试点实施方案》，对湖南省全民所有自然资源资产清查试点工作进行了全面部署，决定在常德市武陵区、澧县、西洞庭管理区，以及株洲市攸县和城步苗族自治县南山国家公园开展试点工作，2020 年 6 月，试点工作全面完成。

通过本次试点工作，探索建立了全民所有自然资源资产清查制度，完善了全民所有自然资源资产清查指标、报表体系、技术规范和工作方法，初步摸清了试点地区全民所有自然资源资产家底。同时，为国家进一步完善《全民所有自然资源资产清查技术指南（试行稿）》提供了依据，也为下一步清查工作积累了技术经验和技术人才。

2. 资产清查第二批试点

为进一步加强全民所有自然资源资产管理，验证和优化全民所有自然资产清查技术路径与方法，统一清查价格内涵与建立资产清查价格体系，健全工作组织方式和协调机制，基本摸清全民所有自然资源资产底数，切实履行统一行使全民所有自然资源资产所有者职责，2021 年 2 月，自然资源部办公厅印发《关于开展全民所有自然资源资产清查第二批试点工作的通知》（自然资办函〔2021〕291 号），决定在全国范围内组织开展资产清查第二批试点工作。

2021 年 5 月，湖南省自然资源厅印发《湖南省全民所有自然资源资产清查第二批试点实施方案》，决定在常德市开展全民所有自然资源资产清查第二批试点工作，2022 年 10 月，第二批试点工作全面完成。

通过第二批试点工作，进一步验证并优化了技术路线与方法，统一了资产经济价值内涵，并建立了全国资产清查价格体系，估算了试点地区全民所有自然资源资产经济价值，探索核实了国家所有者权益，健全了组织方式与协调机制，完善了技术规范，形成了可复制、可推广的资产清查制度。

3. 资产清查深化试点

为做好与重大改革的协同，落实委托代理机制试点任务，自然资源部决定深化全民所有自然资源资产清查试点工作，重点完成委托代理机制试点地区的资产清查任务，同时在部分试点地区围绕履行所有者职责，探索拓展清查内容，探索查清使用权状况、所有者职责履职主体等权益管理情况，形成可复制、可推广的制度机制，为制度机制的全面铺开夯实基础。2023 年 7 月，自然资源部办公厅印发《关于深化全民所有自然资源资产清查试点工作的通知》(自然资办函〔2023〕1334 号)，决定各省(自治区、直辖市)和新疆生产建设兵团委托代理机制试点地区，在其所辖全部县级单元查清全民所有土地、矿产、森林、草原、湿地、水、海洋、国家公园等 8 类自然资源资产(含自然生态空间)实物量，探索核算价值量。其中，已在资产清查第二批试点中完成成果汇交的地区，或已按照第二批试点技术方法开展相关工作的地区不再重复开展。北京市朝阳区和通州区、福建省厦门市、湖北省武汉市、广西壮族自治区北海市、宁夏回族自治区石嘴山市、新疆维吾尔自治区昆玉市等市(区)，在查清实物量、核算价值量的基础上，围绕履行所有者职责，拓展资产清查内容，探索开展使用权状况(使用权主体、类型、年期、用途、确权登记等)、所有者职责履职主体等权益管理信息清查。鼓励有条件的地区扩大资产清查地域范围，探索拓展资产清查内容。

2023 年 8 月，湖南省自然资源厅印发《湖南省委托代理机制试点地区全民所有自然资源资产清查试点实施方案》，决定在委托代理机制试点地区：衡阳市、岳阳市、郴州市三市所辖全部县级单元清查全民所有土地、矿产、森林、草原、湿地、水等 6 类自然资源资产实物量，探索核算价值量；南山国家公园、湖南南滩国家草原自然公园等自然生态空间清查全民所有土地、矿产、森林、草原、湿地、水等 6 类自然资源资产实物量，探索核算价值量。在全民所有自然资源资产清查试点工作的基础上，同步探索开展集体所有自然资源资产清查工作。2024 年 1 月，委托代理机制试点地区资产清查试点工作全面完成。

通过委托代理机制试点地区试点工作，初步建立了符合湖南省实际的资产清查工作组织模式和技术方法，基本查清了委托代理机制试点地区全民所有自然资源资产"家底"，验证并完善了全民所有自然资源资产清查技术标准体系，形成了可复制、可推广的资产清查制度，为全面开展资产清查工作奠定了基础。

二、矿产资源资产清查的意义

矿产资源是经济社会发展的重要物质基础，是国家安全的重要保障。现代社会的生产和生活都离不开矿产资源，它们被广泛应用于能源、工业、农业、建筑、交通等各个领域。在世界经济中，95%以上的能源、80%以上的工业原料和 70%

以上的农业生产资料都来自矿产资源。关键矿产资源更是服务新兴产业发展的重要基础，战略性关键矿产已成为加快建设现代产业体系、推动经济高质量发展的重要引擎，是资源安全的重要保障。矿产资源的开发和利用对经济发展具有推动作用。随着社会的发展，人与矿产资源的矛盾日益尖锐，为满足人类社会发展和矿产资源可持续利用的整体要求，生态文明建设体制改革被提上日程，矿产资源资产清查作为推动矿产资源开发利用变化的监测手段，对自然资源的可持续发展具有重要意义。

一是贯彻落实新发展理念，推进生态文明建设的重要基础。通过对矿产资源资产数量、质量、分布、权属、价格、经济价值、保护和开发利用等状况进行统一、全面、系统的清查，可以全面摸清矿产资源资产家底，更深入了解矿产资源的产业结构、生产方式，加强自然资源节约集约利用和有效保护，促进资源开发利用格局优化，推进自然生态空间系统修复和合理补偿。

二是履行全民所有自然资源资产所有者职责的重要途径。矿产资源资产清查工作是实施矿产资源资产统计的基础，通过摸清矿产资源资产家底，有助于落实全民所有自然资源的产权主体和所有者职责，进一步完善自然资源资产产权体系建设，发挥市场配置资源的决定性作用，促进资源资产管理与空间规划、用途管制的衔接，推动自然资源资产所有权和使用权分离，提升自然资源资产的监督管理效能。

三是完善自然资源资产管理体制的重要举措。矿产资源对国家的发展和稳定具有重要意义，开展矿产资源资产清查可以夯实全民所有自然资源资产的管理基础，建立现代化自然资源资产管理模式，推进全民所有自然资源资产管理制度体系建设，健全以节约优先、保护优先、自然恢复为主的自然资源工作机制。

第二节　概念界定

一、矿产资源

（一）矿产资源的概念

根据《中华人民共和国矿产资源法实施细则》规定："矿产资源是指由地质作用形成的，具有利用价值的，呈固态、液态、气态的自然资源。"矿产资源可分为能源矿产(如煤、石油、地热)、金属矿产(如铁、锰、铜)、非金属矿产(如金刚石、石灰岩、黏土)和水气矿产(如地下水、矿泉水、二氧化碳气)四大类。

(二)矿产资源的形成条件

矿产资源是由存在于地壳中的矿物组成的具有利用价值的物质。人类已发现并命名的 105 种元素的绝大部分存在于地壳中,它们组成了约 3000 种已命名的矿物。矿物成为矿产资源还需满足以下两个条件:

1. 可获取性

矿物的存在形式、存在环境及其富集程度与数量,能够使人类在现有的和潜在的技术条件下将其从地层中挖掘出来,并从中提取出有用的矿产品。

2. 可盈利性

从地壳中获取的矿产品,在现有的或潜在的经济环境中可为获取者带来盈利。

在正常的市场经济条件下,矿产资源必须同时具有可获取性和可盈利性;而在非正常市场环境中,如战争时期或受贸易封锁时期,为了生存和发展,矿产品的获取可以不计代价,矿产资源只需具有可获取性。可见,矿产资源是个动态的概念,随着开采、提取和利用技术及经济环境的变化而变化。

(三)矿产资源的特点

1. 不可再生性

矿产资源是有限的,是亿万年地质历史的产物,一旦被开采之后,在人类历史相对短暂的时期内,绝大多数不可能再自然生长出来。它作为劳动对象通过生产而被消耗,迟早会被人们开发殆尽而最终枯竭。

2. 分布不均衡性

矿产资源是受地质条件的作用而产生的,成矿作用的复杂性和特殊性,致使许多矿产资源在地壳中的分布极不均匀,并具有明显的区域性特点。地质条件的变化导致各地矿产资源盈缺不齐、贫富不均。

3. 多组分共生性

矿产资源大都不是单一组分,而通常是多种组分共生的复合体。在许多复合矿石中，共伴生组分常具有重要的经济价值，但也有些共伴生组分不利于主矿产的开采和利用。

4. 不确定性

矿产资源是个动态的概念，随科学技术、经济社会以及地质认识水平的变化而变化。矿产资源绝大部分隐埋在地面以下，不可能全面揭露，控制成矿的地质条件极为复杂，而且互不相同，所以不管多么详细地进行地质勘查工作，也只能求得相对准确的结果。

（四）矿产资源的权利内涵

1. 矿产资源产权制度建设历程

从新民主主义革命时期、社会主义革命和建设时期直到改革开放时期，我国在矿产资源所有权制度建设方面进行了卓有成效的理论和实践探索，逐步建立了矿产资源国家所有、有偿使用、收益分配、矿业监管和生态保护等方面的重要制度，使中国特色社会主义矿产资源所有权制度体系得以不断完善。

新民主主义革命时期，中国共产党便已经认识到矿产资源在军事斗争和经济建设中的重要作用，不仅从革命纲领的高度提出了矿产资源国家所有的制度设想，而且制定和实施了一系列政策法规来实现矿产资源的合理开发利用。《中国共产党宣言》中提出了共产主义在经济方面的奋斗目标，即将"生产工具——机器工厂，原料，土地，交通机关等——收归社会共有，社会共用"，随后在党的一大通过的《中国共产党第一个纲领》中明确提出党的经济纲领就是"消灭资本家私有制，没收机器、土地、厂房和半成品等生产资料，归社会公有"。1931 年通过的《中华苏维埃共和国宪法大纲》中规定"帝国主义手中的银行、海关、铁路、航业、矿山、工厂等一律收归国有"，在《中华苏维埃共和国关于经济政策的决定》中要求"将操在帝国主义手中的一切经济命脉，实行国有（租界、银行、海关、铁路、航业、矿山、工厂等等）"。当时苏维埃政府已经确立了矿产资源国家所有的基本方针，国营矿业为苏维埃政权所有并经营，并颁布了一系列法令鼓励私人资本投资矿业，如《工商业投资暂行条例》《关于矿产开采权出租办法》等。

中华人民共和国成立之初，经济形势十分严峻，国家百废待兴，为尽快恢复国民经济、建立社会主义制度，矿产资源作为经济建设的重要物质基础，其制度建设和开发利用一直受到党和国家的高度重视，在经济政策的指引和推动下，我国的社会主义矿产资源所有权制度体系开始形成。中华人民共和国成立前夕通过的《中国人民政治协商会议共同纲领》中明确提出"没收官僚资本归人民的国家所有","凡属有关国家经济命脉和足以操纵国民生计的事业,均应由国家统一经营。凡属国有的资源和企业,均为全体人民的公共财产",根据这一"临时宪法"的要求,矿产资源收归国有,并建立了矿产资源国家所有制度。1950 年施行的《中华人民共和国土地改革法》将矿产资源的归属利用作为特殊土地问题进行处理,规定矿山均归国家所有,由人民政府管理经营。1951 年公布的《中华人民共和国矿业暂行条例》,明确"全国矿藏,均为国有"。1954 年《中华人民共和国宪法》从国家根本大法的层面将矿藏资源国家所有制归入国家基本经济制度的范围,将国家所有等同于全民所有。自此,新中国的社会主义矿产资源国家所有权制度正式确立。这一时期矿产资源所有权制度的运行模式主要取决于资源国有、经济建设方针和经济体制等因素,总体来看表现出无偿使用和计划管理的基本特点,同时对资源和环境生态的保护也给予了很大的关注。1965 年颁布的《矿产资源保护试行条例》中则对矿产资源勘探和开发中的保护和合理利用问题做了具体规定,并加入了水资源的合理开发利用,提出了"综合勘探、综合开发、综合利用"方针,以及"最大限度地回采地下资源""严禁乱挖乱采"等规定。

改革开放以来,我国矿产资源所有权制度进入了一个新的发展阶段。我国社会主义基本经济制度及其体制不断完善,矿产资源所有权制度建设在坚持矿产资源国家所有不变的前提下,遵循了市场化的路径,使矿产资源所有权的实现形式和管理体制发生了重要变化。矿产资源国家所有权的实现方式,主要是围绕矿产资源有偿使用及资源的市场化配置而展开的。我国矿产资源有偿使用制度的正式建立始于 1986 年的《中华人民共和国矿产资源法》,该法提出了探矿权和采矿权的概念,明确了矿产资源的有偿开采制度,要求开采主体向国家缴纳资源税和资源补偿费,自此我国的矿产资源有偿使用制度正式建立。其后国家又先后发布实施了多部配套法规,如《中华人民共和国资源税暂行条例》《矿产资源补偿费征收管理规定》等,使矿产资源有偿使用制度得以落实,整体架构初步形成。

随着探索与实践的不断深入,相关法律也进行了适时调整。1996 年修订的《中华人民共和国矿产资源法》,明确了矿产资源国家所有权的行使主体,规定由国务院行使国家对矿产资源的所有权,完善了矿产资源有偿使用的基本内容,规定了矿业权有偿取得制度,并允许符合法定条件的矿业权转让。这在一定程度上放松了对矿业权流转的限制,为矿业权市场的发展、发挥市场在资源配置中的基础性作用提供了制度依据。1998 年陆续发布的一系列配套法规，对探矿权和采矿权的有偿取得、流转等问题做了具体规定，使我国的矿产资源有偿使用制度趋向健全。通过矿业权有偿取得和依法转让规则的设立，市场配置资源的作用开始初步体现。

2013 年 11 月，中国共产党第十八届中央委员会第三次全体会议通过《中共中央关于全面深化改革若干重大问题的决定》(以下简称《决定》)。要求加快生态文明制度建设，健全自然资源资产产权制度和用途管制制度、实行资源有偿使用制度和生态补偿制度。并对自然资源资产管理体制和自然资源监管体制进行了区分，关于《决定》的说明中，进一步明确要区分自然资源资产的所有权和自然资源监管权，使"国有自然资源资产所有权人和国家自然资源管理者相互独立、相互配合、相互监督"，这为矿产资源管理体制改革做出了顶层设计，表明了分设资源管理机构和资源监管机构的改革思路。

2015 年的《生态文明体制改革总体方案》中，将创新自然资源资产产权制度，落实所有权作为改革的原则和目标，提出完善矿产资源有偿使用制度的具体要求，之后国家又发布了一系列具体的指导意见，对矿产资源国家所有者权益的实现、矿产资源有偿使用制度的完善、矿产资源的有效配置等问题进行了针对性的制度安排。

2017 年国务院发布实施了《矿产资源权益金制度改革方案》，将完善矿产资源税费制度作为改革的主要内容，对相关税费的征收使用进行了重新调整，特别是将矿业权价款调整为出让收益，使矿产资源的国家所有者权益得到充分体现。通过对矿业权出让方式的创新，强调了竞争出让的主导地位，以此来保障国家的矿产资源所有者权益，并发挥市场对资源配置的决定性作用。

党的十九大报告进一步强调了资源监管的生态保护职能，将自然资源资产管理体制改革和生态环境监管体制改革联系起来，区分了自然资源的资产管理和生态监管职责，提出了设立"国有自然资源资产管理和自然生态监管机构"的要求，进一步推进了矿产资源管理体制改革。

根据党的十九届三中全会《关于深化党和国家机构改革的决定》和《深化党和国家机构改革方案》，国家组建了自然资源部，由其履行"全民所有自然资源资产所有者"和"国土空间用途管制和生态保护修复"的职责。自此，我国矿产资源产权制度向着适应现代化社会发展需求的方向，不断与时俱进，并逐步完善。

2. 矿产资源所有权

产权是指合法财产的所有权，表现为对财产的占有、使用、收益和处分的权利。产权明晰是资产确权的先决条件。《中华人民共和国宪法》规定："矿藏属于国家所有，即全民所有。"《中华人民共和国民法典》规定："矿藏、水流、海域属于国家所有"。《中华人民共和国矿产资源法》规定："矿产资源属于国家所有，由国务院行使国家对矿产资源的所有权。地表或者地下的矿产资源的国家所有权，不因其所依附的土地的所有权或者使用权的不同而改变。国家保障矿产资源的合理开发利用。勘查、开采矿产资源，必须依法分别申请、经批准取得探矿权、采矿权，并办理登记。"法律明确了我国矿产资源的产权归国家所有，由国务院行使矿产资源的所有权，各级地方政府只能依据国家法律的规定和国务院的授权，才能代表国家行使矿产资源所有权的权能。

矿产资源所有权的内容包括占有权、使用权、收益权和处分权。占有权，解决的是矿产资源归属等问题，国家的矿产资源神圣不可侵犯，任何单位或者个人使用矿产资源都须经国务院许可。使用权，解决的是谁可以勘查和开采矿产资源的问题，是开发利用矿产资源的一项重要的权利，国家可以依法设立矿业权，通过资源规划合理开发。收益权，为矿产资源所有权人交易矿业权或矿业权人勘查、开采和利用矿产资源带来的收益所拥有的权利或引起的风险所承担的损失的责任；矿产资源产权主体的收益实现为租金、利润与税收，所有权人的收益为租金，矿业权人的收益为利润，公共服务部门的收益为税收。处分权，包括矿产资源资产所有者对矿产资源的规划分配和矿业权的出让、拍卖或作价投资及开采秩序的管理。

3. 矿业权

国家作为行政主体不能直接开采矿产资源，即使国家投资也须由被投资的企业去开采。国家为将其中的使用权能让予或允许他人使用，就形成了矿业权。2000年国土资源部颁发的《矿业权出让转让管理暂行办法》规定"探矿权、采矿权为财产权，统称为矿业权，适用于不动产法律法规的调整原则"，首次提出了矿业权的概念。

《中华人民共和国矿产资源法实施细则》规定："探矿权，是指在依法取得的勘查许可证规定的范围内，勘查矿产资源的权利。取得勘查许可证的单位或者个人称为探矿权人。采矿权，是指在依法取得的采矿许可证规定的范围内，开采矿产资源和获得所开采的矿产品的权利。取得采矿许可证的单位或者个人称为采矿权人。"

矿业权按矿产资源开发的主要阶段分为探矿权和采矿权。在矿产资源所有权为国家所有的前提下，矿业权同时涵盖了使用权、收益权、处分权。国家一般可以通过矿业权的设定、许可和管理，基本实现所有权的各项权能。矿产资源所有权和矿业权共同构成矿产资源产权的内容。

矿业权是矿产资源资产所有权派生出来的他物权，国家享有的所有权是终极物权，只有国家才可以将矿产资源资产转让给他人，其他产权义务主体都没有这种权利。矿业权仅仅是一种对国家所有者的矿产资源资产使用权的权力象征，获得矿业权不等于得到了勘查和开采矿产所应获得的一切权益。因为所有者仍然享有收益权，也应获得让渡使用权所应获得的权益，包括获得再次转让增值收益的权利。矿业权人仅仅享有其中一部分权益。

二、矿产资源资产

(一) 矿产资源资产的概念

资产是会计学中的概念，在经济学中资产被定义为资本、财富，在法学中资产被定义为财产权。资产是指可以用货币计量，能够在社会经济运营中为其所有者、控制者带来收益，具有稀缺性的经济资源，即具有稀缺性、有用性及产权明确的经济资源。按资产产生特点，可分成资源性资产和非资源性资产；按资产存在的形态，可分为有形资产和无形资产。

矿产资源资产是指矿产资源中具有稀缺性、有用性、有明确经济收益及能以货币计量收支或预期会产生经济收益的部分。矿产资源资产是一种资源性资产，属有形资产。

从矿产勘查的角度看，矿产资源资产是经过地质勘查并达到工业开发利用要求的矿产资源。矿产资源资产与油气矿产资源的技术可采储量、固体矿产资源的储量和地热矿泉水资源的允许开采量在意义上比较接近。

(二) 矿产资源资产的形成条件

矿产资源与矿产资源资产有所区别，根据一般性资产的形成条件，矿产资源要成为矿产资源资产，还需满足以下六个条件：

1. 必须处于静态的存置空间

资产必须具有静态的存置空间，以便为人们提取使用，这是作为资产的前提。矿产资源在人们不知道它的生成空间时，虽然客观上存在，但它处在隐性动态的存置空间，所以，它并不是资产，而只是自然资源。当勘查确定了其生成的存置空间，被人们所拥有和控制，且空间位置不会发生变化而处于静态时，它就可成为矿产资源资产。我们称其为资产的"勘查要素"。

2. 必须处于使用状态

资产必须处在使用状态，即进入社会生产过程，才能为社会创造价值，这是资产的基本性质。自然状态下的矿产资源因未能进入社会生产过程，不处在使用状态，不能形成生产力，而不能成为资产，只能作为一种资源。所以，只有当矿产资源被勘查并查明其丰度以及有用、有害组分，能被后继产业利用后，才能成为资产。我们称其为资产的"用要素"。

3. 必须是能用货币计量的

资产必须能用货币来计量，这是资产最重要的特征之一。矿产资源在自然状态下既无实物量，也无法以货币进行计量，所以只能是一种资源而不是资产。当矿产资源被探明了储量，计算出潜在的实物量后，我们就可利用特殊的方法，计算出其以货币所反映的价值，矿产资源则成为资产。我们称其为资产的"货币要素"。

4. 必须能为单体或群体所拥有或控制

资产必须能为国家、企业或个人所拥有或控制，拥有或控制是一种权力的象征，即拥有权或控制权。矿产资源处于自然资源（矿藏）状态时，即为国家所拥有，其被探明后即被控制，就可成为资产。我们称其为资产的"权要素"。

5. 可为单体或群体的未来经营带来收益

资产必须能创造自身价值以外的价值，为单体或群体带来超额收益。矿产资源作为自然生产要素，原先并没有耗费或很少耗费，但当它以自身的自然力和自然有用要素同劳动相结合时，会产生尤其高的劳动生产力，从而创造出超过自身价值的超额收益。所以，当矿产资源能为单体或群体带来收益时，它就能成为资产。我们称其为资产的"收益要素"。

6. 可以用现代技术完全取得

资产必须可以用现代科学技术完全取得，对资源资产而言，随着资源不断地被人类利用，容易取得的自然资源越来越少，获得可以使用的资源的难度越来越大，但现代科学技术越发达，取得的可供使用的资源就会越多。如果已经探明的矿产资源，由于矿产资源组合成分复杂及选冶性能、地质构造等影响，不能用现代技术取得，就只能成为"呆矿"，而无法成为资产。所以对于矿产资源来说，可以用现代科学技术完全取得的，才能成为资源性资产。我们称其为资产的"取要素"。

综上所述，不是所有的矿产资源都能成为矿产资源资产，地质勘查是矿产资源资产形成的必要生产条件。

（三）矿产资源资产的特点

矿产资源资产的性质和特征，取决于矿产资源的性质和特征。矿产资源资产除具有一般性资产的性质，还具有自身的个别性质和特征：

1. 开采的耗竭性

由于矿产资源是在地质作用下形成的，其自身不能再生，因此，随着开采生产过程的延伸，矿产资源逐渐被消耗，矿产资源资产也随之逐渐减少，直到完全耗竭，资产也就不复存在。

2. 利用的不充分性

由于矿产资源的复杂性，在开采中，受技术条件的限制，各级储量的矿产不能完全被开采出来而得不到充分利用；主矿产共生、伴生其他矿产时，由于选冶技术条件的限制，不可避免地会丢弃一部分矿产。因此，矿产资源资产不能被充分利用是自然条件所决定的，也是客观存在的。

3. 价值的差异性

各种矿产资源资产因矿种不同，价值相差很大，即使是同一矿种，因其质量不同，价值也有很大差别。矿产资源资产的价值，不仅取决于其本身的自然属性，而且取决于围岩的性质、相关的地质构造、矿产所在地的地形、供水供电、交通运输和矿区经济条件等众多十分复杂的因素。这些因素都影响矿产开发投入的多少和生产成本的高低，从而影响收益的大小。

4. 经营的风险性

矿产资源资产虽然是经过地质勘查达到了工业开发利用要求的资源，但对其数量、质量、存置空间等相关因素的认识，仍然具有相当程度的不确定性。而且受开采冶炼技术条件的限制，开采使用周期长，使矿产资源资产的经济寿命明显比其他资产要长，在这漫长的时间里，受国家经济政策尤其是价格政策、金融政策的影响，再加上货币的时间价值变化，矿产资源资产增值或贬值幅度大。其不确定性和较长的经济寿命周期，使得矿产资源资产投入生产经营具有较大风险性。

5. 国家所有性

我国在宪法或相关法律中都规定，矿产资源属于国家所有。这一性质决定了矿产资源资产本身不能以实物形式进行交易，即任何单位或个人都不能出售、购买矿产资源。为了实现矿产资源的勘查、开采，国家依法和有偿授予某些单位（或个人）以矿产资源使用权，即授予矿业权人以探矿权、采矿权，并允许矿业权依法流转。

(四) 矿产资源资产的内涵

矿产资源资产是综合人类劳动成果、融合各种自然因素的综合经济体，其所拥有的价值取决于人类劳动投入资源的程度、其作用于人类社会所产生的社会影响，以及其在自然生态环境中承载的生态环境功能。在人类社会生产力的发展、各类活动的开展和人类与自然生态环境和谐发展的过程中，矿产资源资产表现出的自然属性，由于其自身的价值和使用价值而具有了经济、社会、生态等多重价值内涵。

1. 经济内涵

自然资源部发布的《2023 年中国矿产资源报告》显示，截至 2022 年末，中国地质勘查投资 1010.22 亿元，较上年增长 3.8%。其中，油气地质勘查投资 823.87 亿元，增长 3.1%；非油气矿产地质勘查投资 186.35 亿元，增长 7.2%，连续两年实现正增长。2022 年，采矿业固定资产投资延续了上年增长的态势，比上年增长 4.5%，比全国固定资产投资增速低 0.6%。2022 年全国矿产资源税收总额为 3389 亿元，比上年增长 48.1%，占全国税收收入的 2.03%。2022 年度探矿权、采矿权出让收益金额 2231.61 亿元。国家统计局发布的《2023 年中国统计年鉴》显示，2022 年，我国采矿业资产总计 12.96 万亿元，占工业总资产的 8.09%；采矿业营业收入为 6.77 万亿元，占工业总营业收入的 5.08%；采矿业利润总额 1.57 万亿，占工业利润总额的 18.69%。

矿产资源是自然生成的，不是劳动的结果，本身没有价值，通过上述数据可以了解到，矿产资源资产所表现出的经济价值体现在地质勘查投入和矿产资源开发利用时产生的出让收益、营业利润。社会通过投入地质勘查劳动和提交矿产储量报告，说明了矿产的具体空间位置及矿石数量和质量，便形成了矿产资源的价值。社会对矿产资源的开发利用所产生的收益进一步体现了矿产资源的使用价值。地质勘查劳动从质上规定了矿产资源的价值，而社会开发利用矿产资源所获得的收益从量上规定了矿产资源的价值，这两个方面共同构成了矿产资源资产的经济价值基础。

2. 社会内涵

自然资源部发布的《2023年中国矿产资源报告》显示，2022年，常规油气勘查主要在塔里木、准噶尔、渤海湾和四川等大型含油气盆地的新层系、新类型和新区带获得重大突破。非常规油气勘查在四川盆地及周缘页岩气新层系和深层取得新突破，在鄂尔多斯、渤海湾、苏北盆地和北部湾盆地非常规石油勘查取得新进展，在鄂尔多斯盆地东缘深层煤层气勘查取得重要突破。2022年全国新发现矿产地132处，其中，大型34处，中型51处，小型47处。新发现矿产地数量排名前5位的矿种分别是水泥用灰岩（14处）、建筑用花岗岩（14处）、建筑用灰岩（11处）、饰面用花岗岩（9处）、煤炭（6处）。截至2022年12月底，全国登记探矿权11207个，同比增长9.9%；登记面积267.1万平方千米，同比下降0.7%。全国登记采矿权31025个，下降4.6%；登记面积29.6万平方千米，同比增长7.2%。2022年度，部省两级地质资料馆藏机构共接待到馆用户2.15万人次；提供资料利用服务640.02万件次、提供数据复制30.06 TB，在线提供地质资料目录1506.57万条。各级地质资料馆藏机构提供地质资料网络服务达764.45万人次。"地质云"注册用户达11万人，全年访问量约556万人次，数据产品浏览800余万次、下载262万次。2022年，我国煤炭产量为45.6亿吨，比上年增长10.5%，创历史新高，消费量约44.4亿吨，比上年增长4.3%。原油产量2.05亿吨，比上年增长2.9%，连续4年保持增长，消费量7.0亿吨，比上年下降3.1%。天然气产量2201.1亿立方米，比上年增长6.0%，连续6年增产超100亿立方米，消费量3727.7亿立方米，比上年下降1.2%。2022年一次能源生产总量为46.6亿吨标准煤，比上年增长9.2%。能源生产结构中煤炭占67.4%，石油占6.3%，天然气占5.9%。能源消费总量为54.1亿吨标准煤，同比增长2.9%，能源自给率为86.1%。煤炭消费占一次能源消费总量的比重为56.2%，石油占比17.9%，天然气占比 8.4%。2022 年，铁矿石产量 9.7 亿吨，比上年下降 1.0%，表观消费量（国内产量+净进口量）14.9 亿吨（60% 品位标矿）；粗钢产量 10.2 亿吨，同比下降 1.7%。主要有色金属矿产品中，铜精矿产量 187.4 万吨，同比增长 5.8%；铅精矿产量 149.7 万吨，同比增长 0.9%；锌精矿产量 310.3 万吨，同比下降 1.7%。10 种有色金属产量 6793.6 万吨，同比增长 4.9%，其中精炼铜 1106.3 万吨，同比增长 5.5%；电解铝 4021.4 万吨，同比增长 4.4%。磷矿石产量 10474.5 万吨（折含 P_2O_5 30%），比上年增长 0.7%；水泥 21.3 亿吨，同比下降 10.5%。国家统计局发布的《2023 年中国统计年鉴》显示，2022 年，我国采矿业企业单位数为 1.20 万个，占企业单位总数的 2.54%；采矿业单位就业人数总计 340.9 万人，占总单位就业人数的 2.04%。

矿产资源是经济社会发展的重要物质基础，是国家安全的重要保障，现代社会的生产和生活都离不开矿产资源，它们被广泛应用于能源、工业、农业、建筑、交通等各个领域。地质勘查工作为我国社会积累了大量资源储备，地质勘查成果也为我国社会带来了大量的知识财富，我国能源消费总量的 82.5% 来源于矿产资源，矿产资源为我国发展提供了铁、铜、铅、锌、铝、磷、水泥等大量生产资料，采矿业为我国社会创造了大量的就业岗位。矿产资源资产是加快建设现代产业体系、推动经济高质量发展的重要引擎，是资源安全、社会稳定的重要保障，具有很高的社会价值。

3. 生态内涵

自然资源部发布的《2023 年中国矿产资源报告》显示，我国持续推进绿色勘查工作，最大限度减小找矿对生态环境的影响。各地出台了专项规划、管理办法、实施方案等政策文件，积极推进绿色矿山建设。截至 2022 年底，共建成国家级绿色矿山 1100 余座。2022 年，福建、四川、宁夏、山东、江西、江苏、贵州、西藏、辽宁、河北、湖南在矿产资源集中开发区，以及生态区位重要、生态问题突出地区实施 11 个历史遗留废弃矿山生态修复示范工程项目，预期完成治理面积 1.49 万公顷。完成全国历史遗留矿山核查，基本查清了由政府承担治理责任的历史遗留废弃矿山情况，建立了全国统一的历史遗留矿山数据库和任务台账，为因地因时制宜、分区分类实施修复治理提供了支撑。

矿产资源作为自然资源的重要组成部分，承载着重要的生态环境功能。实践中，矿产资源开发对生态环境会造成一定的负面影响，这种负面影响主要表现在两个方面。第一是对土地资源的破坏。矿产资源的开采会造成土地资源生态的破坏，如采空区的地表塌陷、水土流失、大量固体废弃物对耕地和建设用地的占用、对自然地貌环境的破坏等。第二是对大气和水体的污染。在矿产资源开采和储运中产生和散发的废气、废渣、粉尘等废弃物造成了严重的大气污染和水质污染，而且会使矿区的水资源平衡受到破坏，造成和加剧矿区及周边工农业生产用水和人畜用水的短缺。我国十分重视矿产勘查和开采带来的生态环境问题，并采取预防与治理相结合的方法，最大程度地减小矿产资源勘查开采对生态环境造成的负面影响。习近平总书记提出了"绿水青山就是金山银山"的重要思想，为破解经济发展和环境生态保护的关系这一难题指明了新的思路。将生态保护和生态效益纳入生产力范畴，将其视为促进生产力发展的一个重要组成部分，以积极和辩证的态度看待人类社会发展和自然生态保护之间的关系。面对矿产资源开发利用造成的自然生态问题，我们要积极践行"绿水青山就是金山银山"的重要思想，依据"生态补偿制度"，将生态价值作为矿产资源资产的组成部分。

三、矿产资源资产清查

(一) 矿产资源资产清查的概念

矿产资源资产清查是指在矿产资源储量数据库、矿业权统一配号系统、矿业权市场数据系统、地勘报告和矿业权评估报告等已有矿产资源权属、数量、质量、用途、分布、收益等成果的基础上，建立统一基准时点（时期）、统一内涵的矿产资源资产价格和调整系数，查清矿产资源资产在清查时点的实物量、矿业权状况、所有者职责履职主体、保护和利用及权益维护等其他管理情况信息，核算经济价值量，并建立数据库。

(二) 相关术语和定义

1. 矿产资源资产底图

矿产资源资产底图包括基于储量数据库成果形成的资源底图、基于矿业权统一配号系统形成的矿业权图层、基于自然资源清单的履职主体图层、基于资产价格体系成果的价值核算图层、基于矿业权市场数据系统的保护和利用图层，以及权益维护图层。

2. 矿产资源资产底数

矿产资源资产底数是指矿产资源资产的总量和结构情况（数量、质量、价值量）、保护和利用情况、履职主体情况、使用权状况、权益维护情况。

4.矿产资源资产经济价值

矿产资源资产经济价值是指在统一基准时点与既定用途前提下，依据矿产资源资产特点，按照清查核实的实物量核算出的使用权收益的现值。

5.矿产资源资产价格信号

矿产资源资产价格信号是指能够直接反映或用于测算矿产资源资产价格的指标，如矿山企业经营资料等。

6.矿产资源资产价格

矿产资源资产价格是指国家以矿产资源所有者身份，按照统一内涵，基于统一基准时点，具有相同实物量计量对象，按矿种分品级，在一定区域范围内，根据规定程序和规范方法测算的专门服务于矿产资源资产清查经济价值核算的单位价值。

7.地区调整系数

综合考虑资源禀赋（品位、品级、海拔）、外部建设条件（交通运输条件、经济发展）等因素，同时根据实际情况增加调整因子，制定不同地区的资产价格调整系数。

第三节　矿产资源的基础现状

一、我国矿产资源的现状

自然资源部发布的《2023年中国自然资源公报》显示，截至2022年末，全国已发现矿产资源173种，其中能源矿产13种，金属矿产59种，非金属矿产95种，水气矿产6种。2022年，中国近四成矿产储量均有上升。其中，储量大幅增长的有铜、铅、锌、镍、萤石、晶质石墨等。根据2023年全国油气储量统计快报数据，全国油气勘查新增探明储量总体保持高位水平，石油勘查新增探明地质储量连续4年稳定在12亿吨以上，天然气、页岩气、煤层气合计勘查新增探明地质储量连续5年保持在1.2万亿立方米以上。我国矿产资源的现状具有以下特点：

(一)资源总量大，但人均占有量低

中国有色矿产资源尽管总量很大，但由于人口众多，人均占有资源量很低，是一个资源相对贫乏的国家。需求量大的铜和铝土矿的保有储量占世界总量的比例很低，分别只有4.4%和3.0%，属于我国短缺或急缺矿产，因此对外的依存度相对较大。

(二)贫矿较多，富矿稀少，开发利用难度大

中国有色矿产数量很多，但从总体上讲贫矿多、富矿少。如铜矿平均地质品位只有0.87%，远远低于智利、赞比亚等世界主要产铜国家。铝土矿虽有高铝、高硅、低铁的特点，但几乎全部属于难选冶的一水硬铝土矿，可经济开采的铝硅比大于7%的矿石仅占总量的三分之一，这些特点导致矿山建设的投资和生产经营成本较大。

(三)共伴生矿床多，单一矿床少

中国80%左右的有色矿床中都有共伴生元素，其中以铝、铜、铅、锌矿产较多。例如，在铜矿资源中，单一型铜矿只占27.1%，而综合型的共伴生铜矿占72.8%；在铅矿资源中，以铅为主的矿床和单一铅矿床的资源储量只占铅矿总资源储量的32.2%，其中单一铅矿床只占4.46%；在锌矿产资源中，以锌为主和单一锌矿床所占比例相对较大，占总资源储量的60.45%，但矿石类型复杂，而且不少矿石嵌布粒度细，结构构造复杂。

中国有色矿产资源中，虽然共伴生元素多，但若能搞好综合回收，就可以提高矿山的综合经济效益。矿石组分复杂，势必造成选冶难度大、建设投资和生产经营成本高的现状。

(四)分布范围广，地域分布不均衡

中国有色矿产资源分布范围很广，各省、自治区、直辖市均有产出，但区域间不均衡。铜矿主要集中在长江中下游、赣东北和西部地区；铝土矿主要分布在山西、河南、广西、贵州地区；铅锌矿主要分布在华南的广西、湖南、广东、江西和西部的云南、内蒙古、甘肃、陕西、青海等地区；锡锑矿主要分布在湖南、云南、广西等地区。

二、湖南省矿产资源的现状

湖南省矿产资源丰富，素有"有色金属之乡""非金属之乡"之称。湖南地跨扬子陆块与华夏陆块两个一级大地构造单元，区内自中元古界以来的各时代地层发育齐全，分布广泛；构造变动强烈，深大断裂发育；岩浆活动频繁，先后有武陵、雪峰、加里东、印支、燕山、喜山等多期的岩浆活动。成矿地质条件优越，形成了丰富多样的矿产资源。湖南省矿产主要分布在以下五个成矿区：湘西北成矿区，主要矿产有铅、锌、汞、钒、镍、钼、磷、石膏等，其他矿产有铁、锰、海泡石、钠盐等；湘东北成矿区，主要矿产有铜、铅、锌、金、稀有金属等，其次为钨、磷、海泡石等；雪峰弧形成矿带，主要矿产有金、锑、钨、铁、锰、钒、重晶石等，其次有铅、锌、铜、钴等；湘中成矿区，主要矿产有锑、金、铅、锌、煤等，是锑的主要产区，其次有铁、锰、石膏等；湘南成矿区，是湖南省钨、锡、铅、锌、金、银、稀有稀土金属矿的主要产区，其他矿产有煤、锰、铁等。全省现有矿产地3000余处，20多个矿种的资源储量在国内名列前茅，尤其是有色金属矿产中的锑、铋、钨、锡等，在世界上都有举足轻重的地位。湖南省油气资源匮乏，至今尚无探明资源储量的油气资源。

(一)矿产资源现状

1.资源禀赋优势明显

湖南省成矿地质条件优越，矿产资源禀赋突出，资源远景潜力较大。截至2020年底，全省已发现矿产121种（亚种146个），占全国已发现矿产种类的69.94%；探明资源量的矿产88种（亚种111个），占全国已探明资源量的矿产种类的54.32%。矿产地3000余处，上表矿区1226处，其中中型以上规模矿床占比30.42%，锑、铋、锰、钒、钨、锡、锌、普通萤石、隐晶质石墨、重晶石等矿产保有资源量全国领先。

2.矿产开发总量较大

截至2020年底，湖南省现有探矿权759个，涉及金、铅、锌、钨、锡、锑、煤炭、铁、锰、铜等43个矿种；现有采矿权3564个，已开发利用金、钨、锑、铅、锌、煤炭、水泥用灰岩等94个矿种(含亚种)。2020年全省开采固体矿石5.66亿吨，其中砂石矿4.47亿吨，其他矿石1.19亿吨。"十三五"期间，全省矿山采选业年均产值 973 亿元，已基本形成以锑、铅、锌、锰、铋及贵金属冶炼加工和盐–氟化工、玻璃陶瓷水泥石材生产、地热矿泉水利用等为主体的产业格局。

（二）矿产资源勘查情况

"十三五"期间，湖南省累计投入各类地勘资金 15.38 亿元，实施矿产资源调查与勘查项目 928 个，圈定一批战略性矿产、新兴矿产成矿远景区和找矿靶区，查明全省金、稀土、铌钽、普通萤石、石墨、高纯石英、矿泉水等矿产具有较好的勘查开发潜力。新发现重要矿产地 45 处，其中中型以上规模矿区 27 处，勘查新增锰矿石 1267 万吨，铅锌金属量 198 万吨，钨（WO_3）10.61 万吨，锡金属量 6.36 万吨，锑金属量 11.92 万吨，金 83.96 吨，矿泉水 2.27 万立方米/天。实施省内首个 3000 米固体矿产勘查深孔钻探，探测并验证郴州宝山矿区深部具有多层、厚大的铅锌铜矿化体。配合全省砂石土矿专项整治，完成全省砂石骨料资源调查评价，提交一批大中型砂石矿产地。启动全省 80 个矿种的矿产资源国情调查，实现国情调查矿种全覆盖。矿业绿色转型加快，矿产资源全面节约和高效利用持续推进；截至 2020 年底，大中型矿山比例由 5.94% 提高至 15.59%，大中型矿山主要矿种"三率"指标达标率达到 91%，全省已建成绿色矿山共 115 家，其中 65 家被纳入国家级绿色矿山名录。

（三）矿产资源储量情况

截至 2020 年底，在已探明储量的矿产中，石煤、铋、锑、铌（褐钇铌铁砂矿）、铍（氧化铍）、普通萤石、玻璃用白云岩、海泡石黏土等 8 种矿产保有资源储量居全国第一位，钒、钨、锡、锆（铪锆石）、轻稀土（独居石砂矿）、镉、重晶石、建筑用白云岩等 8 种矿产保有资源储量居全国第二位。探明储量的矿种保有资源储量居全国前三位的有 23 种，居全国前十位的有 70 种。

第二章 湖南省矿产资源资产清查第一批试点

第一节 第一批试点项目概况

一、任务来源

2016 年以来，党中央、国务院分别在资源有偿使用、产权制度等重大改革中进行了部署和要求。2016 年 12 月，国务院印发《国务院关于全民所有自然资源资产有偿使用制度改革的指导意见》(国发〔2016〕82 号)，要求"以各类自然资源调查评价和清查监测为基础，推进全民所有自然资源资产清查核算，研究完善相关指标体系、标准规范和技术规程"。2019 年 4 月，中共中央办公厅、国务院办公厅印发《关于统筹推进自然资源资产产权制度改革的指导意见》提出，研究建立自然资源资产核算评价制度，开展实物量统计，探索价值量核算。

2017 年 12 月，中共中央印发《中共中央关于建立国务院向全国人大常委会报告国有资产管理情况制度的意见》，提出建立包括国有自然资源管理情况在内的国有资产报告制度，并要求组织开展国有资产清查核实和评估确认，统一方法、统一要求，建立全口径国有资产数据库。2019 年 4 月，《十三届全国人大常委会贯彻落实〈中共中央关于建立国务院向全国人大常委会报告国有资产管理情况制度的意见〉五年规划（2018—2022）》要求，2021 年对国有自然资源管理情况专项报告进行口头报告，提交国有自然资源（资产）报表；2022 年实现完备的全口径、全覆盖国有资产管理情况报告制度，基本建立报告与报表相辅相成的报告体系。

为加强全民所有自然资源资产管理，摸清全民所有自然资源资产家底，健全国有资产管理情况报告制度，完善全民所有自然资源资产有偿使用制度，加快构建系统完备、科学规范、运行高效的中国特色自然资源资产产权制度体系，进一步推动生态文明建设，2019 年 9 月，自然资源部办公厅印发《关于组织开展全民所有自然资源资产清查试点工作的通知》（自然资办函〔2019〕1711 号）文件，确定在河北、江西、湖南、青海、宁夏等 5 个省（区）开展全国第一批全民所有自然资源资产清查试点。

2019 年 10 月 16 日，湖南省在自然资源部《全民所有自然资源资产清查（试点）技术指南》的基础之上，印发《湖南省全民所有自然资源资产清查试点实施方案》，在武陵区、西洞庭管理区、澧县、攸县、南山国家公园五地正式开展清查试点工作。矿产资源资产清查试点为重要工作内容之一。

二、目标任务

（一）试点目标

开展试点地区的矿产资源资产清查工作，探索矿产资源资产实物量清查和价值量估算方法，建立健全矿产资源资产清查制度，优化矿产资源资产清查技术规程和报表体系，为全面铺开矿产资源资产清查工作奠定工作基础。

（二）试点范围

按照"先易后难、以点带面"原则，综合考虑区位条件、现有工作基础、资源特点及生态文明配套改革需要，选择了常德市本级、澧县、攸县、南山国家公园及西洞庭管理区等 5 地作为本次清查试点区域。常德市本级、澧县、西洞庭管理区是洞庭湖平原地区的典型代表，经济和自然资源资产管理基础较好，湿地和矿产资源丰富，农垦历史悠久，是全国重要的商品粮基地。攸县是东部山丘地区的典型代表，矿产资源和森林资源丰富，是全国 100 个重点产煤县和商品煤基地县之一，拥有黄丰桥等国有林场，林业管理基础较好。湖南南山国家公园是湖南省第一个国家公园，也是我国"两屏三带"生态安全战略中"南方丘陵山地带"的典型代表，更是我国南部"山水林田湖草沙"生命共同体的典型代表，区内生态系统代表性、原真性和完整性相对较强，自然资源价值较高。这5个试点区域在区位上覆盖了湖南省北部、东南部和西南部，在类型上覆盖了全部资源类型，在行政区划上覆盖了市本级、县、公园和管理区，在地貌上覆盖了山、丘、平、湖等，代表性强，工作基础也比较好，有利于形成试点成果，为全省乃至全国开展清查工作探索经验。

由于南山国家公园和西洞庭管理区没有矿产资源分布，因此本次是对常德市本级发证矿山和常德市辖区、攸县及澧县行政区划内省、市、县三级发证矿山进行矿产资源资产清查试点工作。

（三）试点任务

1. 建立矿产资源资产清查制度与技术规范体系

建立全民所有自然资源资产清查制度，明确清查目的、内容、方法、对象、组织方式和清查数据报送形式等，建立包括报表体系和软件系统在内的全民所有自然资源资产清查技术规范。

2. 矿产资源资产实物量清查

①查明固体矿产资源资产实物量（包括质量、地质工作程度、资源规模、资源储量）和空间分布情况。

②水气资源资产储量和空间分布情况。

③探矿权、采矿权市场出让情况。

④各地区矿业权出让市场基准价情况。

⑤未有偿处置矿业权基本情况。

3. 矿产资源资产经济价值估算

以省、市、县颁布的"采矿权出让收益市场基准价"为核心，通过"矿山储量年报"评审意见书中的可采系数或矿山历年平均回采率将保有资源储量换算为可采储量，按照《全民所有自然资源资产清查（试点）技术指南》计算公式估算矿产资源资产价值。

（四）基本原则

对于一类和部分二类矿产资源，实物量数据以储量数据库为准，对于三类矿产资源，以县级发证矿山储量年报为准，不进行人为的增删数据；矿产资源清查实物量的截止时间为 2018 年 12 月 31 日。

（五）工作时间

根据自然资源部的文件精神和要求，按照省厅权益处的指示与部署，结合湖南省试点工作地区实际情况，本次矿产资源资产清查工作试点时间周期为 2019 年 10 月 15 日—2020 年 4 月 30 日。

第二节 第一批试点技术路线与工作方法

一、总体技术路线

（一）总体要求

1. 矿产资源分类要求

矿产资源分类采用《中华人民共和国矿产资源法实施细则》（1994 年 3 月 26 日国务院令第 152 号）中的矿种目录。

2. 数据精度

（1）空间数据的数学基础

采用"2000 国家大地坐标系"和"1985 国家高程基准"。现有调查监测成果采用其他坐标系统的，应进行统一转换。

（2）计量单位

矿产资源实物量计量单位以储量数据库规定的各矿种计量单位为主，并参考矿业权统一配号系统和矿山开发利用统计数据库管理系统的相关计量单位；矿业权计量单位采用个；矿产资源资产清查价格单位采用元/克（千克、吨、立方米）等，保留两位小数；图斑价值量采用人民币元，保留整数；汇总经济价值单位采用万元，保留六位小数。

3. 清查内容

矿产资源资产清查内容包括：已查明固体矿产资源资产实物量（包括质量、地质工作程度、资源规模、资源储量）和空间分布情况；水气资源资产储量和空间分布情况；探矿权、采矿权市场出让情况；各地区矿业权出让市场基准价情况。

根据侧重点的不同，具体包括三部分内容：已查明固体矿产资源资产清查基础情况，水气资源资产清查基础情况，探矿权、采矿权市场出让情况。

4. 清查单元

省级矿产资源资产清查单元包括：

① 固体矿产：矿区；

② 地热：地热田；

③ 地下水：水源地；

④ 矿泉水：根据清查单位的实际情况，选择水源地、矿区、井或孔作为清查单元。

5. 清查基准时点

本次清查试点工作的基准时点为 2018 年 12 月 31 日。

（二）技术路线

矿产资源资产清查工作技术路线分为底图制作、数据提取与叠加、矿产资产价格数据叠加、数据核查、数据汇交 5 个部分。具体技术路线见图 2-2-1。

（三）技术标准文件

湖南省矿产资源资产清查试点工作引用的技术标准主要有：

GB/T 2260 中华人民共和国行政区划代码

GB/T 9649 地质矿产术语分类代码

GB/T 11615 地热资源地质勘查规范

GB/T 13727 天然矿泉水资源地质勘查规范

GB/T 13908 固体矿产地质勘查规范总则

GB/T 13923 基础地理信息要素分类与代码

GB/T 17766 固体矿产资源/储量分类

GB/T 17798 地理空间数据交换格式

GB/T 33444 固体矿产勘查工作规范

GB/T 33453 基础地理信息数据库建设规范

GB 21139 基础地理信息标准数据基本规定

全民所有自然资源资产清查（试点）技术指南（2019 年度）

```
                        ┌─────────────────┐
                        │    资料准备      │
                        └─────────────────┘
                                 │
         ┌───────────────────────┼───────────────────────┐
         ▼                       ▼                       ▼
┌──────────────────┐  ┌──────────────────┐  ┌──────────────────┐
│ 省、市矿产资源储量 │  │ 矿业权审批数据库（采矿│  │  各市、县矿山年度  │
│     数据库        │  │ 权和探矿权审批数据库）│  │   报告成果库      │
└──────────────────┘  └──────────────────┘  └──────────────────┘
         │                       │                       │
         └───────────────────────┼───────────────────────┘
                                 ▼
                        ┌─────────────────┐
                        │    叠加融合      │
                        └─────────────────┘
                                 │
                                 ▼
                        ┌─────────────────┐
                        │   调查底图制作   │
                        └─────────────────┘
                                 │
                                 ▼
                        ┌─────────────────┐
                        │   外业补充调查   │
                        └─────────────────┘
                                 │
                                 ▼
                   ┌───────────────────────────┐
                   │ 矿产资源资产清查实物量数据库 │
                   └───────────────────────────┘
                                 │
    ┌──────────┐                ▼               ┌──────────────────┐
    │ 评估方法  │──────▶ ┌─────────────┐ ◀──────│ 基准价和调整系数  │
    └──────────┘         │  价值量评估  │        └──────────────────┘
                         └─────────────┘
                                 │
                                 ▼               ┌──────────────────┐
                         ┌─────────────┐ ◀──────│ 成果检查规则标准  │
                         │  核查验收    │        └──────────────────┘
                         └─────────────┘
                                 │
         ┌───────────────────────┼───────────────────────┐
         ▼                       ▼                       ▼
    ┌──────────┐         ┌─────────────┐         ┌──────────────┐
    │ 县级自查  │──────▶ │  市级复查    │──────▶ │   省级核查    │
    └──────────┘         └─────────────┘         └──────────────┘
                                 │
                                 ▼
                   ┌───────────────────────────┐
                   │    数据检查、汇总、入库     │
                   └───────────────────────────┘
                                 │
                                 ▼
                   ┌───────────────────────────┐
                   │ 形成全民所有矿产资源资产数据库 │
                   └───────────────────────────┘
                                 │
                                 ▼
                        ┌─────────────────┐
                        │   成果整理与提交  │
                        └─────────────────┘
```

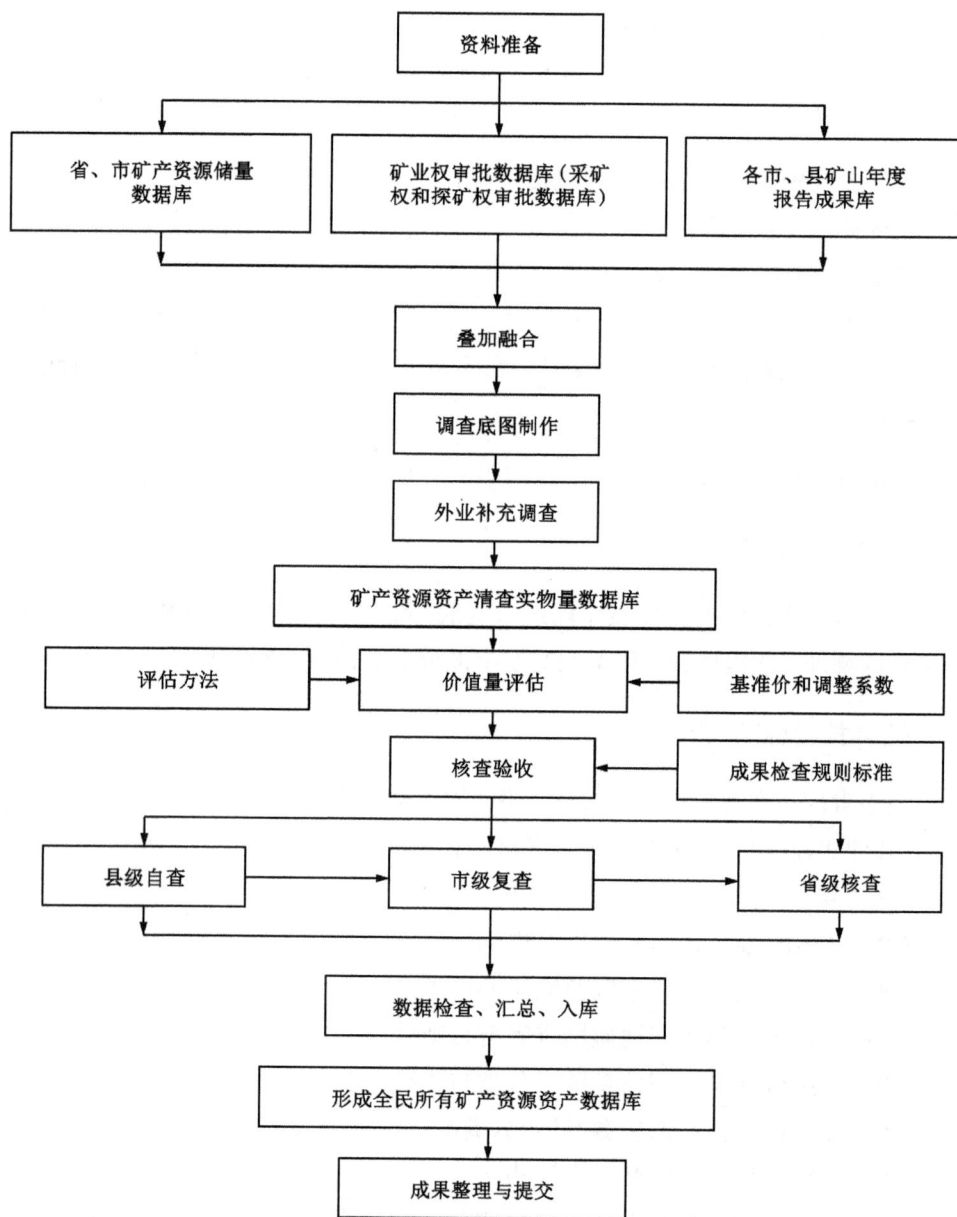

图 2-2-1　矿产资源资产清查第一批试点技术路线图

二、工作方法

(一) 实物量清查

湖南省全民所有矿产资源资产清查试点工作具体方法如下:

①在试点区域内以部、省级发证的非油气矿产资源矿区为清查单元,以未利用矿区、生产矿山、关闭矿山、闭坑矿山、压覆矿产资源为具体调查对象,对湖南省的矿产资源基数和有效期内探矿权进行清查核实。

②清查核实试点地区非油气矿产资源利用类型。

③清查核实试点地区非油气矿产资源矿区和有效期内探矿权矿种分类。

④清查核实试点地区非油气矿产未利用的原因。

⑤清查核实试点地区非油气矿产各矿区矿产组合特征。

根据清查信息,填写已查明固体矿产资源资产清查基础情况表(见表2-2-1)、水气资源资产清查基础情况表(见表2-2-2)、探矿权、采矿权市场出让情况表(见表2-2-3)、未有偿处置非油气矿业权基本情况表(见表2-2-4)。

表 2-2-1 已查明固体矿产资源资产清查基础情况

矿区		勘查阶段	矿床		利用类型	未利用原因	空间信息				备注
							坐标点		高程		
编码	名称		名称	类型			拐点	中心点	埋深	标高	
B201	B202	B203	B204	B205	B206	B207	B208	B209	B210	B211	B212

矿区		矿产组合	矿种		质量描述	储量规模	资源储量			开采技术条件	基准价	备注
							储量分类	计量单位	保有量			
编码	名称		名称	类型								
B201	B213	B214	B215	B216	B217	B218	B219	B220	B221	B222	B223	B212

填表说明:

1. 本表数据来源于矿产资源储量数据库。对于核实过程中需要修改的数据,请说明修改内容、理由或依据。

2. 根据矿产资源具体情况,采用试点区域政府公示基准价标准及相关调整系数计算基准价,并在备注中简要说明数据来源和计算过程。

表 2-2-2　水气资源资产清查基础情况

矿区、(井、孔)		矿种		质量描述	规模或工作程度	资源储量		开采技术条件	基准价	备注
编码	名称	类型	名称			计量单位	开采量			
B301	B302	B303	B304	B305	B306	B307	B308	B309	B310	B311

填表说明：

1. 本表数据来源于矿产资源储量数据库。对于核实过程中需要修改的数据，请说明修改内容、理由或依据。

2. 根据水气矿产具体情况，采用试点区域政府公示基准价标准及相关调整系数计算基准价，并在备注中简要说明数据来源和计算过程。

表 2-2-3　探矿权、采矿权市场出让情况

矿业权项目		矿种			资源储量		剩余储量	出让金额（或出让率）
编码	名称	类型	名称	储量类型	计量单位	数量		
B401	B402	B403	B404	B405	B406	B407	B408	B409

矿业权项目		所在矿区编码	矿权类型	出让方式	许可证编号	矿业权人名称	发证机关	发证时间	有效期时间
编码	名称								
B401	B402	B410	B411	B412	B413	B414	B415	B416	B417

填表说明：

1. 本表中"剩余储量"来源于矿产资源储量数据库，其他数据来源于矿业权审批备案系统。对于核实过程中需要修改的数据，请说明修改内容、理由或依据。

2. 如果所在矿区为两个以上，所在矿区编码用逗号分隔后分别填写。

表 2-2-4　未有偿处置非油气矿业权基本情况

省份	矿业权设置情况/个		未有偿处置非油气矿业权				
	探矿权	采矿权	矿种编码	矿种	探矿权/个	采矿权/个	资源储量/万吨
B501	B502	B503	B504	B505	B506	B507	B508

填表说明：

1. 本表中数据来源于矿产资源储量数据库和矿业权审批备案系统。

2. 未有偿处置的资源储量基准日：2006 年 9 月 30 日，清查数据填写以此基准日为起算时间。

3. 对于核实过程中需要修改的数据，请说明修改内容、理由或依据。

(二) 价值估算

1. 矿产资源价值估算总体原则

①矿产资源实物量数据以储量数据库为准，不进行人为的增删数据；

②矿产资源实物量的时间点为 2018 年底；

③县级发证的矿山数据来源于各矿山的储量年报。

2. 矿产资源价值估算总体思路

以省、市、县颁布的"采矿权出让收益市场基准价"为核心，通过"矿山储量年报"评审意见书中的可采系数或矿山历年平均回采率将保有资源储量换算为可采储量，按照自然资源部印发的《全民所有自然资源资产清查(试点)技术指南》中的计算公式估算矿产资源资产价值。

3. 价值估算类型、方法

(1)矿产资源资产估算方法：

$$P = Q \times P_2 \times K_1 \times K_2$$

式中：P 为矿产资源资产经济价值；Q 为保有资源储量；P_2 为各地区政府公示的单位可采储量对应的基准价；K_1 为公示基准价中的调整系数之积；K_2 为基准价换算系数，可采储量基准价换算为资源储量基准价的换算系数。

(2)矿产资源资产估算参数选取

①基准价的确定。

各级发证矿种的基准价按各级主管部门公布的矿业权出让收益市场基准价执行。如：对于省级发证矿种的基准价，按照《湖南省自然资源厅关于发布湖南省矿业权出让收益市场基准价的通知》(湘自然资规〔2019〕1号)执行；对于常德市市级发证矿种基准价，参照《常德市级发证采矿权出让收益市场基准价》(常自然资发〔2019〕6号)，对于县级发证矿种的基准价，按照《攸县县级发证采矿权出让收益市场基准价的通知》(攸自然资发〔2019〕1号)和《澧县采矿权出让收益市场基准价》(澧国土资发〔2019〕2号)文件执行。

湖南省无矿业权出让收益市场基准价的矿种采用其他省份公布的矿业权出让收益市场基准价执行。如：对于金刚石砂和液体钠盐，参照《山东省自然资源厅关于印发〈山东省矿业权市场基准价〉的通知》(鲁自然资字〔2018〕3号)与《青海省国土资源厅关于印发〈青海省矿业权出让收益市场基准价〉的通知》(青国土资

〔2018〕232号）文件执行。

②基准价中的调整系数（K_1）的确定。

按照《矿业权出让收益评估应用指南（试行）》（2017）的要求：一类矿产资源储量，保有资源储量的地质可信度按122b、331、332级别系数为1，333级别系数为0.8；二类、三类矿产资源储量，保有资源储量的地质可信度按122b、331、332、333级别系数为1。

③基准价换算系数（K_2）的确定。

由于湖南省自然资源厅和市、县自然资源和规划局公布的矿产资源基准价的计量对象为可采储量，因此在估算矿产资源价值时需要将保有资源储量转化为可采储量。

可采储量与保有资源储量的关系：

$$Q_采 = (Q_保 - Q_柱) \times K_2$$

式中：$Q_采$为可采储量；$Q_保$为保有资源储量；$Q_柱$为永久性矿柱储量；K_2为预采区可采系数，即基准价换算系数。

由于保有资源储量远远大于永久性矿柱储量，因此可以将保有资源储量简略地转化为可采储量，即$Q_采 = Q_保 \times K_2$。

基于上述情况，省级发证矿种可采系数的确定有三种解决途径：

方法1：利用攸县铁矿和煤矿的《××矿区××矿山储量年报》和《矿产资源开发利用年度报告书》，其中前者是经过评审备案的，铁矿采用的可采系数是0.7，煤矿采用的可采系数是0.8，因此对于基准价换算系数K_2，我们可以采用"储量年报"中的可采系数进行转换。

方法2：利用攸县铁矿和煤矿的《××矿区××矿山储量年报》和《矿产资源开发利用年度报告书》中的实际回采率进行估算，统计攸县范围内的各个矿山每年的回采率，求取实际回采率平均值，即为基准价换算系数K_2。根据能查阅到的资料，我们选取了煤矿样本数23，求得实际可采率是0.8939；铁矿样本数52，求得实际可采率是0.8317。此方法需要收集大量矿山实际数据，如清查工作全面铺开，其工作量巨大，可操作性不强。

方法3：直接利用各个矿山开发利用方案中的回采率进行转换。我们在攸县自然资源和规划局地质资料馆中找到了两份矿山开发利用方案。经查阅，煤矿和铁矿的采区回采率均为85%，代表性较差。我们不采用此方法进行转换，主要有两个方面的原因：第一，攸县范围内煤矿和铁矿的开发利用方案可能为同一公司编制，对采区回采率采用了同一个数值；第二，煤矿和铁矿的开发利用方案虽然经过评审，但是它解决的主要问题是开发利用的合理性及可操作性。

对比分析以上三种方法，考虑到今后全面铺开清查工作后的可操作性、代表性和法定权威性，本次清查工作采用方法1。

根据估算结果，填写矿产资源资产经济价值估算情况表（见表2-2-5）。

表 2-2-5 矿产资源资产经济价值估算情况

编号	矿区(油气田、矿产地)名称	价值估算			经济价值（万元）	备注
		采用方法	估算时间	估算情况		
B601	B602	B603	B604	B605	B606	B607

填表说明：本表中数据来源于根据清查核实的实物量和收集的资产价值属性，采用合理的经济价值估算方法，计算出的经济价值。

第三节 第一批试点工作概况

一、工作开展情况

(一) 工作开展时间和工作完成情况

本次试点工作自2019年10月开始，历时7个月，受到国内疫情影响，实际工作时间约6个月，具体分阶段如下：

①2019年10月15日—2020年10月31日，单类别资源项目负责人学习相关文件精神和自然资源部印发的《全民所有自然资源资产清查（试点）技术指南》的技术要点，同时完成实施方案的编写工作；

②2019年11月1日—2019年11月15日，完成对项目组技术人员的培训和技术交底工作；

③2019年11月16日—2019年11月30日，完成攸县行政区划内的省级发证矿区的实物量清查及核对工作，根据矿区拐点坐标完成矿区矢量化工作；

④2019年12月1日—2019年12月31日，完成市、县发证矿山的资料收集、

实物量清查、核对及全省、市、县基准价收集工作；

⑤2020 年 1 月 1 日—2020 年 2 月 3 日，完成攸县境内所有矿种的价值属性资料采集工作和矿产资源资产价值量估算工作，并验算核查；

⑥2020 年 2 月 4 日—2020 年 2 月 11 日，完成《湖南省攸县矿产资源资产清查试点价值量评估报告》；

⑦2020 年 2 月 12 日—2020 年 3 月 31 日，完成常德市辖区、澧县和常德市自然资源主管部门发证矿山的实物量清查、核对工作；

⑧2020 年 4 月，完成常德市辖区、澧县和常德市自然资源主管部门发证矿山的价值信息采集、价值量估算、验算核查以及试点工作成果入库，编写《湖南省全民所有矿产资源资产清查试点工作总结报告》。

(二) 相关主管部门组织和实施

2019 年 9 月，自然资源部办公厅印发《关于组织开展全民所有自然资源资产清查试点工作的通知》(自然资办函〔2019〕1711 号)，明确湖南作为全国第一批全民所有自然资源资产清查试点地区后，湖南省自然资源厅党组高度重视，专门召开会议进行研究部署，成立了试点工作推进小组，其中省自然资源厅厅长任组长，自然资源厅和林业局分管厅领导任常务副组长，主要负责清查试点工作的组织和领导，协调解决重大问题；厅权益司协调厅矿业权处、厅矿保处、厅信息中心和试点地区的自然资源主管部门进行资料收集和外业实地核查；省不动产登记中心负责牵头组织统筹、制定标准规范、统一集中办公、协同攻关、技术统筹及处理重大技术问题。

本次矿产资源清查试点工作的相关主管部门统一认识和统一领导，高度重视全民所有自然资源资产实物量清查和价值量估算方法的探索，取得了有实质意义的试点成果，为湖南省自然资源资产清查工作的全面铺开优化了组织、摸索了制度、夯实了基础。

二、有关情况说明

(一) 数据统计的范畴

本次矿产资源资产清查工作的实物量清查主要来源于矿产资源储量数据库、矿业权审批数据库、矿产资源开发利用数据库，以及各行政辖区"'十三五'矿产资源规划"，市、县矿业权出让台账。

本次矿产资源资产清查工作的基准价数据主要来源于全省、市、县矿业权出让收益市场基准价及其他省份(青海省的液体钠盐基准价和山东省的金刚石砂基准价)，可采率数据主要来源于经备案的矿山储量年报中核准的可采率及矿山实际可采率。

(二)有关清查资料的特殊问题

"矿产资源储量数据库"中信息缺失，如攸县有 22 个矿区，但是只有 20 个矿区有拐点坐标、大部分矿区缺失"埋深"和"标高"数据等。

"矿业权审批数据库"中缺失"出让金"，且资源储量数据与资源储量数据库不一致等。

"矿产资源开发利用数据库"中与市、县实际统计的矿山相比缺失较多，开发利用率无数据，产品市场价格缺失，有色金属选矿回收率缺失，等等。

由于市、县矿业权出让台账前期为纸质记录，历经多年现已丢失，电子记录也是历经多人而无法查询，矿山储量年报不全，等等。

三、清查质量控制

在实物量清查阶段，数据清查成果先进行相互检查、项目负责人全面检查、单位组织抽查，每个检查阶段对检查出的问题必须查看"源数据"并及时更正、说明原因，互检确保 90% 正确率、项目负责人检查和院组织的抽检确保 100% 正确率。

在价值量清查阶段，也是采用上述方法，特别对不同矿石质量、不同基准价的矿区要进行重点检查，确保最终抽检结果合格率为 100%。

四、工作量情况

本次试点工作共计完成湖南省常德市辖区的三级发证、常德市自然资源主管部门颁发的采矿权、澧县行政区划内三级发证的矿权的矿产资源清查工作，工作时间为 2019 年 11 月—2020 年 4 月，共计安排 6 人全程参与本次试点工作，各主要工作环节投入的工作量见"(一)工作开展时间和工作完成情况"。

虽然矿产资源资产实物量数据较为完整，但是因为矿产资源开发利用伴随着人类社会的发展，自现代矿产资源勘查、开发利用以来，历经多次变革与标准修订，各类数据没有完成同步更新，甚至数据缺失、数据错误、数据遗漏现象依然严重，检查核对困难重重，耗费了大量人力物力。

第四节　第一批试点成果说明

一、常德市

（一）矿产资源概况

常德市矿产资源较丰富，截至 2015 年，全市已发现矿产 59 种，占全省已发现矿种数 141 种的 41.8%；已探明资源储量的矿种共计 33 种，列入湖南省矿产资源储量表的矿产有 21 种；共发现矿产地 312 处，其中已查明大型超大型矿产地 21 处、中型矿产地 15 处、小型矿产地 58 处及多处矿点。其中砷矿、磷矿、金刚石、石膏、建筑石料用灰岩、玻璃用砂岩、膨润土、水泥配料用泥岩等 8 种矿产探明储量均居全省首位；岩盐、水泥用灰岩、海泡石黏土、水泥配料用砂岩、重晶石、钒矿等 6 种矿产资源储量也居全省前 2~5 位。常德市矿产资源以非金属为主，资源储量大，单一矿产矿区数量多，矿产资源相对集中分布。

常德市已探明储量的主要矿区地质工作程度较高，达到勘探程度的有 40 处，详查的有 23 处，普查的有 48 处。以煤炭、铁矿、磷矿、石膏、岩盐、芒硝、水泥用灰岩等市区内的大宗矿产地质勘查程度最高。

（二）矿产资源开发利用现状

市境内 2015 年已开发利用的矿种有 29 种，占已发现矿种（59 种）的 49.15%。全市共有开发利用矿山 367 座、矿山从业人员 9360 人，设计采矿能力为 3998.75 万吨，实际采矿能力为 2653.45 万吨，年产矿石量为 2415.65 万吨，工业总产值为 181260.79 万元，实现利润总额为 5923.93 万元，其中以水泥用灰岩、建筑石料用灰岩、建筑用砂等非金属矿产的工业总产值最多，实现利润最大。矿山年产矿石总量与实际采矿能力相差不大，但与设计采矿能力相差甚远，说明现有矿山"大矿小开"的情况较为严重。已开发利用矿产中，砖瓦用页岩与水泥用灰岩的开采回采率最高，为 98%，开采回采率达到 90% 以上的矿种有 13 种，占已开发利用矿种总数的 44.83%。玻璃用砂岩的选矿回收率最高为 95%，金矿的选矿回收率为80%。

市境内367家矿山企业中，开采规模为大型的矿山有10家、中型的有576家，大部分矿山开采规模以小型、小矿为主，占全部矿山企业的81.7%。小矿山在开采过程中资源利用效率不高，且对环境污染影响较大，恢复治理能力小，生产技术水平较低，产品缺乏竞争力，企业综合效益较差，这些因素在很大程度上制约了常德市矿业经济的发展。

1.常德市辖区省级发证矿产

截至2018年12月31日，常德市辖区省级发证矿产有砂金、金刚石、水泥用灰岩、石煤共4个矿种，16座矿山。其中，石煤矿种的矿山15座，水泥用灰岩矿种的矿山1座，砂金、金刚石无矿山。

常德市辖区省级发证矿山情况详见表2-4-1。

表 2-4-1　常德市辖区省级发证矿山一览表　　　　　单位：个

矿种	矿山	生产矿山	关闭矿山
砂金	0	0	0
金刚石	0	0	0
水泥用灰岩	1	0	1
石煤	15	0	15
总计	16	0	16

2.常德市级发证矿产

截至2018年12月31日，常德市本级发证矿产有玻璃用砂岩、方解石、工业原料滑石、建筑用大理岩、建筑用砂、膨润土、石煤、水泥用灰岩、水泥用泥岩、水泥用砂岩、重晶石共11个矿种，97座矿山。其中，矿山数最多的矿种为石煤（60座），其次为水泥用灰岩（13座），再次为玻璃用砂岩（7座）。

常德市本级发证矿山情况详见表2-4-2。

表 2-4-2　常德市本级发证矿山一览表　　　　　单位：个

矿种	矿山	生产矿山	关闭矿山
玻璃用砂岩	7	0	7
方解石	5	3	2
工业原料滑石	1	1	0
建筑用大理岩	1	0	1
建筑用砂	2	0	2
膨润土	1	1	0
石煤	60	16	44
水泥用灰岩	13	3	10
水泥用泥岩	1	0	1
水泥用砂岩	1	1	0
重晶石	5	0	5
总计	97	25	72

（三）矿产资源资产经济价值

1. 常德市辖区省级发证矿产

经估算，常德市辖区省级发证矿产资源资产中经济价值占比最高的为石煤（92.19%），其次为水泥用灰岩（7.80%），砂金、金刚石无经济价值。

从以上数据可以分析出，常德市辖区省级发证矿产资源资产以能源矿产为主，其次为非金属矿产。能源矿产主要为石煤，非金属矿产主要为水泥用灰岩。

常德市辖区省级发证矿产资源资产经济价值估算结果详见图 2-4-1。

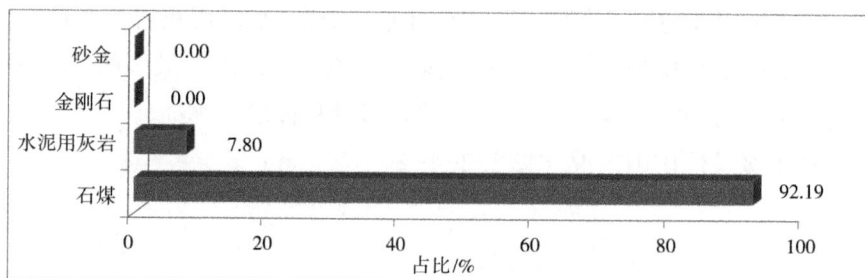

图 2-4-1　常德市辖区省级发证矿产资源资产经济价值估算结果

2. 常德市级发证矿山

经估算，常德市级发证矿产资源资产中经济价值百分比由高到低依次为：石煤（50.20%）、水泥用灰岩（19.05%）、玻璃用砂岩（14.60%）、膨润土（5.28%）、重晶石（4.48%）、方解石（2.58%）、水泥用砂岩（2.45%）、工业原料滑石（0.63%）、水泥用泥岩（0.37%）、建筑用大理岩（0.29%）、建筑用砂（0.06%）。

从以上数据可以分析出，常德市级发证矿产资源资产中，能源矿产与非金属矿产基本各占一半。能源矿产主要为石煤；非金属矿产种类较多，其中水泥用灰岩、玻璃用砂岩、膨润土、重晶石经济价值占比较高。

常德市级发证矿产资源资产经济价值估算结果详见图 2-4-2。

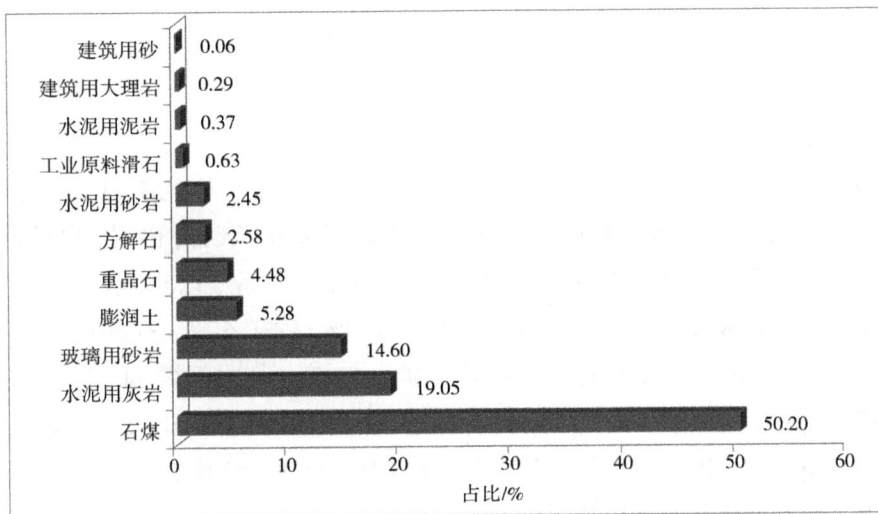

图 2-4-2　常德市级发证矿产资源资产经济价值估算结果

（四）矿产资源保护、经营和利用建议

常德市矿业布局应重点考虑高品质优势矿种的开发利用方向与总量调控，减少市场竞争力差的矿种开采，以节约矿产资源与进行资源的综合利用，减轻对生态环境的破坏。在政策制定上，以煤、磷矿、水泥用灰岩、石膏、玻璃用砂岩、岩盐、芒硝、膨润土和海泡石黏土等矿业开发为主，建成煤炭、水泥用灰岩、石膏、玻璃用砂岩、芒硝、岩盐等开发和加工基地；在稳固现有产业规模的基础上，形成区域性产业集群。

二、澧县

（一）矿产资源概况

澧县矿产资源较丰富，具有非金属矿种储量大、单一矿产矿区数量多、矿产相对集中分布的特点。县境内已发现矿产 30 种，其中能源矿产 2 种，金属矿产 1 种，非金属矿产 27 种。已探明储量并列入湖南省矿产资源储量表的矿产有煤炭、石煤、铁、芒硝、岩盐、石膏、膨润土 7 种。芒硝、岩盐、石膏及膨润土为本县优势矿产，均已进行开发，其中岩盐、芒硝、石膏类矿产矿业经济较好。县境内矿产资源分布以闸口—王家厂一线划分，可分为西北部煤、石煤、铁、石灰岩、白云岩成矿区，中东部芒硝、岩盐、石膏、膨润土成矿区。

（二）矿产资源开发利用现状

截至 2018 年 12 月 31 日，澧县已经开发利用的主要矿种有煤、铁、石膏、膨润土、盐矿、芒硝、石煤、重晶石、方解石、水泥用灰岩、灰岩、砂岩、白云岩、砂砾岩、砖瓦用页岩共 15 个矿种。全县共有发证矿山 144 座，以非金属矿产资源开发利用为主。省级发证矿山 73 座，其中煤矿 11 座、铁矿 6 座、石膏矿 18 座、盐矿 2 座、芒硝 2 座、石煤 34 座。市级发证矿山 39 座，其中石煤 34 座、重晶石 2 座、方解石 1 座、膨润土 1 座、水泥用灰岩 1 座。县级发证矿山 32 座，其中水泥用灰岩 1 座、灰岩 22 座、砂岩 2 座、白云岩 1 座、砂砾岩 2 座、砖瓦用页岩 4 座。

澧县矿产资源开发利用情况详见表 2-4-3。

表 2-4-3　澧县矿产资源开发利用情况表　　　　　　　单位：个

矿种	省级发证			市级发证			县级发证		
	矿山	生产矿山	关闭矿山	矿山	生产矿山	关闭矿山	矿山	生产矿山	关闭矿山
煤	11	11	0	0	0	0	0	0	0
铁	6	2	4	0	0	0	0	0	0
石膏	18	8	10	0	0	0	0	0	0
膨润土	0	0	0	1	1	0	0	0	0
盐矿	2	2	0	0	0	0	0	0	0
芒硝	2	2	0	0	0	0	0	0	0

续表2-4-3

矿种	省级发证			市级发证			县级发证		
	矿山	生产矿山	关闭矿山	矿山	生产矿山	关闭矿山	矿山	生产矿山	关闭矿山
石煤	34	34	0	34	14	20	0	0	0
重晶石	0	0	0	2	0	2	0	0	0
方解石	0	0	0	1	1	0	0	0	0
水泥用灰岩	0	0	0	1	0	1	1	1	0
灰岩	0	0	0	0	0	0	22	11	11
砂岩	0	0	0	0	0	0	2	0	2
白云岩	0	0	0	0	0	0	1	1	0
砂砾石	0	0	0	0	0	0	2	2	0
砖瓦用页岩	0	0	0	0	0	0	4	4	0
统　计	73	59	14	39	16	23	32	19	13

(三) 矿产资源资产经济价值

经估算，澧县各类矿产资源资产中经济价值百分比由高到低依次为：芒硝（74.26%）、膨润土（10.00%）、盐矿（5.37%）、铁（3.06%）、煤（2.89%）、石膏（1.68%）、灰岩（1.25%）、石煤（1.00%）、砂砾石（0.26%）、白云岩（0.07%）、方解石（0.04%）、砖瓦用页岩（0.04%）、水泥用灰岩（0.04%）、砂岩（0.04%）、重晶石（<0.01%）。

从以上数据可以分析出，澧县矿产资源资产以非金属矿产为主，金属矿产和能源矿产较少。县域内非金属矿产种类繁多，其中芒硝、膨润土、盐矿经济价值占比较大，尤其是芒硝，其经济价值占比高达74.26%，是澧县优势矿产资源资产。

澧县各类矿产资源资产经济价值估算结果详见图2-4-3。

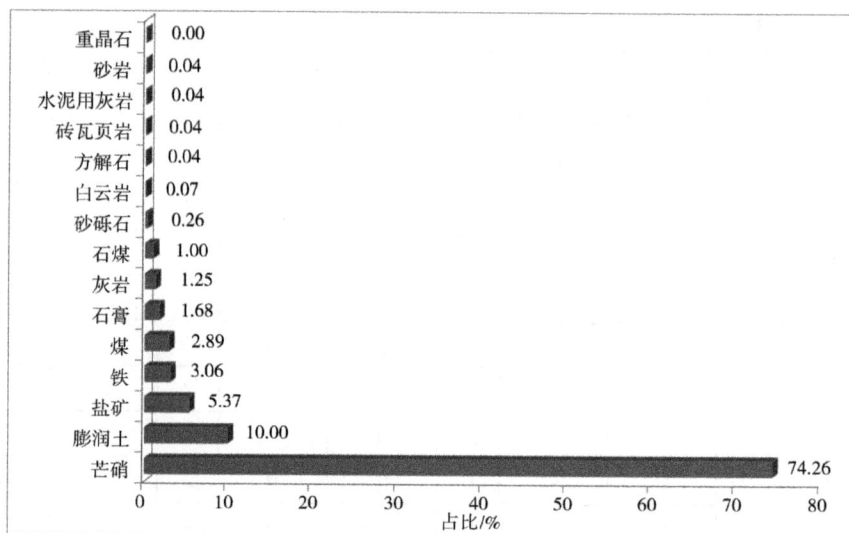

重晶石　0.00
砂岩　0.04
水泥用灰岩　0.04
砖瓦页岩　0.04
方解石　0.04
白云岩　0.07
砂砾石　0.26
石煤　1.00
灰岩　1.25
石膏　1.68
煤　2.89
铁　3.06
盐矿　5.37
膨润土　10.00
芒硝　74.26

占比/%

图 2-4-3　澧县矿产资源资产经济价值估算结果

（四）矿产资源保护、经营和利用建议

在澧县行政区划内综合考虑区域国民经济社会发展规划、主体功能分区、矿产资源禀赋特征和开发利用现状、资源环境承载能力，按照统筹规划、因地制宜、发挥优势、规模开采、集约利用、做强产业的原则，细化落实与重点打造 1 个非金属矿业经济区，即盐井—王家厂非金属矿业经济区；2 个产业基地，即湘澧盐矿产业基地、新澧化工芒硝产业基地。

三、攸县

（一）矿产资源概况

攸县为湖南省十强县之一，也是全国 100 个重点产煤县和商品煤基地县之一。全县矿业经济发达，为攸县经济的主要支柱产业。

已查明的矿产资源有煤、铁、石膏、石灰岩等 5 种，已发现的矿产资源有锰、玄武岩、白云岩、高岭土、钨、钼、铅、锌、银、锑、砂金等 26 种，约占株洲市 44 种已发现矿种的 70.45%，占湖南省 124 种已发现矿种的 25%。共发现矿产地 45 处，已列入湖南省矿产储量简表的有煤、铁、水泥用灰岩、熔剂灰岩、石膏共 5 种。建筑材料类矿产有建筑用板岩、高岭土、饰面用花岗岩、灰岩、玄武岩、砖瓦页岩共 6 个矿种。

(二)矿产资源开发利用现状

截至 2018 年 12 月 31 日，共发现矿产地 45 处，已列入湖南省矿产储量简表的有煤、铁、石膏、水泥用灰岩、熔剂灰岩共 5 种，上表矿区共计 22 处，其中煤炭 7 处(大型 1 处、中型及小型各 3 处)，勘探 1 处、详查 6 处；铁矿 11 处(中型 1 处、小型 10 处)，详查 9 处，勘探与普查各 1 处；石膏 1 处(中型、普查)；灰岩 3 处(大型 2 处、小型 1 处)，详查 2 处，普查 1 处。未开发利用矿区有煤炭、石膏、水泥用灰岩各 1 处，铁矿 4 处，停止开采矿区有煤炭 1 处、铁矿 6 处。

截至 2018 年 12 月 31 日，全县开发利用的矿产有煤、铁、水泥用灰岩、熔剂灰岩、建筑用板岩、高岭土、饰面用花岗岩、灰岩、玄武岩、砖瓦用页岩 10 个矿种，利用率为 32.2%，其中利用煤炭矿区(含井田、区段)6 处、铁矿区 7 处、灰岩矿区 2 处。石膏、钨、锡、铅锌等矿产历史上曾有开采，现均处于停采未利用状态。全县三级发证矿山企业 176 家，其中省级发证矿山 126 座(含已关闭矿山)(煤矿企业 98 家、铁矿企业 27 家)；攸县行政管辖范围内无株洲市发证矿山；县级发证矿山 50 座。矿山规模偏小，大中型矿山 16 座，占比 10.39%，均为砂石页岩矿。

攸县矿产资源开发利用情况详见表 2-4-4。

表 2-4-4　攸县矿产资源开发利用情况表　　　　单位：个

矿种	省级发证			县级发证		
	矿山	生产矿山	关闭矿山	矿山	生产矿山	关闭矿山
煤炭	98	41	57	0	0	0
铁矿	27	3	24	0	0	0
水泥用灰岩	0	0	0	7	3	4
熔剂灰岩	1	1	0	0	0	0
建筑用板岩	0	0	0	1	0	1
高岭土	0	0	0	1	0	1
饰面用花岗岩	0	0	0	4	3	1
灰岩	0	0	0	21	9	12
玄武岩	0	0	0	2	2	0
砖瓦用页岩	0	0	0	14	4	10
统计	126	45	81	50	21	29

(三)矿产资源资产经济价值

经估算，攸县各类矿产资源资产中经济价值百分比由高到低依次为：煤炭（89.65%）、水泥用灰岩（3.43%）、铁矿（3.28%）、灰岩（1.71%）、熔剂灰岩（1.08%）、建筑用板岩（0.27%）、玄武岩（0.23%）、石膏（0.15%）、砖瓦用页岩（0.12%）、饰面用花岗岩（0.07%）、高岭土（<0.01%）。

从以上数据可以分析出，攸县矿产资源资产以能源矿产为主，其次为非金属矿产，金属矿产较少。县域内能源矿产主要为煤炭，其经济价值占比高达89.65%，是攸县优势矿产资源资产。县域内非金属矿产种类多，但总经济价值占比不高。

攸县各类矿产资源资产经济价值估算结果详见图2-4-4。

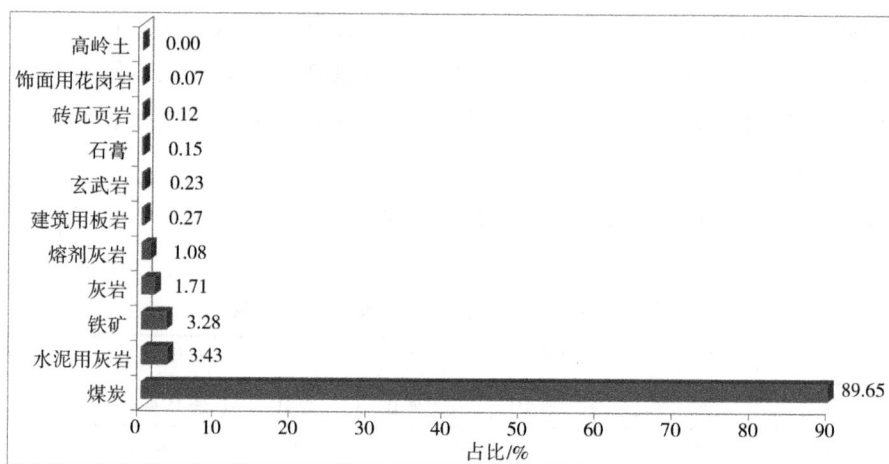

图2-4-4 攸县矿产资源资产经济价值估算结果

(四)矿产资源保护、经营和利用建议

攸县行政区划内总体对省市去产能的煤、铁、水泥用灰岩进行限制开采，减少矿山数量；鼓励砖瓦用页岩矿采用新工艺、新方法，加强对煤矸石的综合利用；提高县域内硅石、高岭土、地下热水的开发利用程度，促进矿业经济发展。依托市级规划建立攸县循环经济工业园，从资源循环利用的角度明确建立黄兰矿区电煤矿业经济区。确定黄丰桥、兰村煤矿区开发基地，漕泊铁矿区开发基地。

第五节　第一批试点工作总结

一、工作成果

湖南省通过本次矿产资源清查试点工作，初步探索建立了矿产资源资产清查制度，制定了一套较为完善的矿产资源资产清查工作机制、指标体系、技术规范和工作方法，统一了价值估算相关参数指标、价格体系、定价目的或应用方向等价格内涵，满足了提高成果规范性、科学性以及各层级、各条块组织效率的现实需求。基本摸清了试点地区矿产资源资产家底，有力地支撑了全民所有自然资源资产负债表编制试点工作，为落实"两个统一"职责提供了矿产资源家底。为推动自然资源资产产权制度改革，完善全民所有自然资源资产有偿使用制度，加快构建系统完备、科学规范、运行高效的中国特色自然资源资产产权制度体系，进一步推动生态文明建设提供了基础支撑。

二、存在的问题和建议

（一）存在的问题

①矿产资源各类库中信息不完整、错误，致使实物量清查不能获得完整的信息；市、县矿业权出让台账前期为纸质记录，历经多年现已丢失，电子记录也是历经多人而无法查询，矿山储量年报不全等。

②本次清查以矿区为清查单元，采用矿区范围的面状要素表示，各清查单元之间存在重叠现象，图面负担较重，且对其他全民所有自然资源图斑存在压覆现象。

（二）建议

①关于基准价换算系数问题，建议直接采用评审备案的矿山储量年报中的可采系数代替矿区的基准价转换系数。

②对于没有基准价的矿种，建议采用周边省份的基准价进行替代。

③对于实物量清查过程中的信息缺失问题，建议相关部门组织相关工作人员对缺失数据进行统一归档清理和补充完善。

④本次清查是以矿区为单元，对于市、县发证的矿山，部分矿山在储量库中并无相应的矿区，建议对这些矿山制定统一矿区编号的规则。

三、经验总结

本次湖南省矿产资源清查试点工作严格按《全民所有自然资源资产清查（试点）技术指南》的要求完成，尽管在工作实践中暴露了一些问题，但也为清查工作积累了宝贵经验。

（一）建立了省级统筹工作机制

加强组织领导是清查工作顺利开展的重要保障。矿产资源资产清查涉及部门多、资料复杂、范围广。因此，本次试点工作由湖南省自然资源厅权益处协调、湖南省不动产登记中心牵头组织、技术单位联合办公，这种工作机制运转高效、协作畅通。

（二）组建了清查专业技术团队

强化技术保障是有效防范试点风险的重要措施。由于矿产资源资产清查技术含量较高，需要充分发挥不同领域专家的作用，因此，本次试点工作由湖南省不动产登记中心作为技术牵头单位，联合多家技术单位，抽调技术专家，组建了资产清查试点工作专家组，通过专家咨询的机制，对清查各阶段技术问题和成果进行论证，提高了资产清查的科学性。

（三）强化了成果数据信息建设

本次资产清查试点工作借助信息化手段，大力提高了清查成果检查效率。由于资产清查工作需要对大量的成果数据进行检查核实，因此，本次资产清查试点工作中，湖南省编制了《湖南省全民所有自然资源资产清查数据库建设标准》《湖南省全民所有自然资源资产清查成果核查技术规程》，统一了数据建设标准和成果核查技术规程，确保了清查成果质量，为以后的清查工作提供了技术基础。

第三章　湖南省矿产资源资产清查第二批试点

第一节　第二批试点项目概况

一、任务来源

统一行使全民所有自然资源资产所有者职责，是党中央赋予自然资源部的重要工作。开展全民所有自然资源资产清查是加强全民所有自然资源资产管理的基础性工作，是贯彻落实《关于全民所有自然资源资产有偿使用制度改革的指导意见》《关于统筹推进自然资源资产产权制度改革的指导意见》《关于建立国务院向全国人大常委会报告国有资产管理情况制度的意见》《十三届全国人大常委会贯彻落实〈中共中央关于建立国务院向全国人大常委会报告国有资产管理情况制度的意见〉五年规划（2018—2022）》《全民所有自然资源资产所有权委托代理机制试点实施方案》等文件要求的重要举措，是落实全民所有自然资源资产所有权委托代理机制的重要内容，是编制全民所有自然资源资产平衡表的重要依据。

2019年9月，自然资源部印发《关于组织开展全民所有自然资源资产清查试点工作的通知》（自然资办函〔2019〕1711号），选择在河北、江西、湖南、青海、宁夏等5个省（自治区），启动第一批试点工作。为进一步验证和优化全民所有自然资源资产清查技术路径与方法，建立资产清查价格体系，健全工作组织方式和协调机制，2021 年 2 月，自然资源部印发《关于开展全民所有自然资源资产清查第二批试点工作的通知》(自然资办函〔2021〕291 号)，决定在全国范围内组织开展资产清查第二批试点工作。2021 年 5 月，根据自然资源部要求，湖南省自然资源厅办公室下发了《关于开展全民所有自然资源资产清查第二批试点工作的通知》，计划在常德市开展第二批试点工作。

湖南省矿产资源资产清查试点为湖南省全民所有自然资源资产清查第二批试点工作的重要工作任务之一。

二、目标和任务

(一)试点目标

通过开展矿产资源资产清查工作，初步建立矿产资源资产清查制度，基本摸清常德市 7 县(市)2 区矿产资源资产的数量、质量、价格、分布、用途、矿业权、收益等情况，开展矿产资源资产经济价值估算，建立矿产资源资产数据集，形成矿产资源资产清查试点成果，进一步优化完善矿产资源资产清查技术规范和报表体系，为全省开展清查工作奠定基础。

(二)试点范围

本次湖南省矿产资源资产清查第二批试点工作选取常德市作为首要试点地区，在其所辖全部县级单元开展矿产资源资产清查试点工作；并在湖南省及 14 个市州开展矿产资源资产清查价格体系建设工作。

(三)试点任务

1. 配合自然资源部建立国家级清查价格体系

在自然资源部划定的矿产资源 8 个矿种的生产集中区的基础上，采集生产集中区内各生产矿山的价格信号，配合自然资源部建立国家级清查价格体系。

2. 开展试点地区矿产资源资产实物量清查

以基准时点的矿产资源储量数据库为基础，结合矿业权统一配号系统、矿山开发利用数据库、国情调查等成果，提取并套合反映矿产资源资产实物属性的相关数据，按照先核实各类资源边界，再清查资源数量、质量、用途、矿业权、收益的工作顺序生成实物属性信息。对实物量清查成果数据进行检查分析，对存在问题的数据开展相应的外业核查和补充调查工作。

3. 构建矿产资源资产清查价格体系

按照国家清查价格体系建设的统一要求，建立与"国土变更调查"时点相衔接的、相对稳定的省级矿产资源资产清查价格体系。

4. 开展试点地区矿产资源资产经济价值估算

基于矿产资源资产实物量和价格属性信息，估算矿产资源资产经济价值，同时反映所有者权益。

5. 汇总分析清查成果及建立清查数据集

汇总试点地区各类矿产资源资产清查数据，系统分析清查成果，编制试点地区矿产资源资产清查成果报告，构建矿产资源资产"一张图"，建立矿产资源资产清查数据集。

(四) 指导思想

以习近平新时代中国特色社会主义思想为指导，深入贯彻习近平生态文明思想，按照"两统一"职责的要求，推动解决"底数不清"等自然资源管理突出问题，建立健全资产清查制度，夯实全民所有自然资源资产管理基础。

(五) 基本原则

1. 坚持目标导向，分类实施

以基本摸清试点地区全民所有自然资源资产底数，探索核算所有者权益为目标，结合各类自然资源特点和管理基础，充分利用已有各类自然资源专项调查成果，按照"以现有工作成果为基础，逐步提高精度"的思路，建立不同尺度的资产清查价格体系，采取不同技术方法开展资产清查试点工作。

2. 坚持问题导向，统筹推进

湖南省第二批清查试点工作应在全面总结第一批试点工作经验和成果的基础上，着力解决第一批试点工作中发现的四类问题：一是部分资源实物和价值属性缺失，难以全面掌握各类资源资产基础数据；二是资产价格体系不完善、不均衡，价格信号不全，不能完全满足各类资源资产经济价值估算要求；三是技术规范部分规定不够细化，影响资产清查工作效率；四是经济价值估算方法和数据库标准不统一，成果难以汇交入库及进行比较分析等。结合湖南省各类全民所有自然资源特点和管理基础，从省级层面统筹谋划第二批试点工作的目标任务、时间安排和组织方式。

3. 坚持质量第一，明确责任

坚持质量第一是资产清查工作的第一要求，试点实施单位应认真执行技术规范。省自然资源厅成立湖南省全民所有自然资源清查试点工作领导小组（以下简称清查试点工作领导小组），建立清查质量核查机制，加强监督管理，确保清查数据真实有效；明确各级各类参与主体的职责分工，建立完善工作协调机制，及时解决清查试点过程中的困难和问题；建立专家咨询机制，确保清查试点工作既符合国家要求，又为湖南省全民所有自然资源资产管理工作提供有力支撑。

（六）工作时间

根据自然资源部的文件精神和要求，按照湖南省自然资源厅权益处的指示与部署，结合湖南省试点工作地区实际情况，本次矿产资源资产清查工作试点时间周期为 2021 年 3 月至 2022 年 10 月。

三、试点地区概况

（一）基本情况

常德市位于湖南省北部，地处湘西北环洞庭湖平原地区，头顶长江三口，腰跨沅、澧两水，脚踏东、南洞庭湖，水系极为发达，河流众多，流域面积广阔，各类自然资源和物产丰富，享有"鱼米之乡"的美誉，是长江经济带、长江中游城市群、环洞庭湖生态经济圈的重要城市。

常德市下辖 9 个县级行政区，包括 2 个市辖区、1 个县级市、6 个县，分别是武陵区、鼎城区、安乡县、汉寿县、澧县、临澧县、桃源县、石门县、津市市。全市总面积 1.82 万平方千米。根据 2020 年第七次人口普查数据，截至 2020 年 11 月 1 日零时，全市常住人口 527.91 万人。

(二)自然条件状况

1. 地形地貌

常德从地形地貌上可分为两个截然不同的区域：石门县北部，桃源县西部及西南部为中、低山侵蚀构造地貌，地形切割强烈，V形谷发育，地形坡度陡峻，海拔最高2099米，一般500~1000米，相对高差500~1200米；南部及东部为洞庭湖平原区，地势低平，地面标高一般为45~120米，最低35米。全市地势自西北向东南倾斜。西北部地势高耸，群山峭立，峡谷幽深；东南部地势低平开阔，丘岗交错，河湖纵横密布。按地貌成因和形态特征可分为侵蚀构造中低山、溶蚀构造低山丘陵、剥蚀构造丘陵、侵蚀堆积丘岗、堆积平原等五类。

2. 气候

常德市属中亚热带向北亚热带过渡的湿润季风气候区，大陆性和季风性气候特点明显，具有"气候温暖、四季分明，热量充足、雨水集中，春温多变、夏秋多旱，严寒期短、暑热期长"的特点。全市年平均气温17.0℃，一般1月最冷，7月最热，气温年较差为23.2~24.0℃。年平均总降水量1344.5毫米，降水时空分布不均，主要集中在4月上旬到7月上旬，石门西北部、桃源南部地区为全市强降水中心。年平均日照时数为1589.5小时，无霜期为249~297天。

3. 水资源

常德市水资源比较丰富，具有河网密布、水系紊乱、峰高量大、降雨不均、水旱夹击的特点。全市多年平均水资源总量为153.37亿立方米，人均占有量为2556立方米。流经本市的沅水、澧水多年平均客水量为600亿立方米。全市雨量充沛，水资源主要来自降水，降水时空分布不均，丰水期(4—10月)降水和径流约占全年的70%以上。境内有大小河流432条，总长6775千米。湖南四大水系中的沅、澧两水横贯境内，支流众多，还有松滋、虎渡、藕池河系流经境内。水能蕴藏量达200万千瓦，其中河长5千米以上、集雨面积10平方千米以上的河流有371条。多年平均水能蕴藏量达131.95万千瓦，占湖南省总量的8.55%，其中可开发利用的有65.15万千瓦，占全省可开发量的6%。全市地下水也很丰富，地下水分布面积达17568平方千米。据计算，地下水动储量为16.80亿~20.28亿立方米，静储量为20.80亿~25.56亿立方米。

4. 土地资源

全市土地总面积 181.77 万公顷，占全省土地总面积的 8.58%。其中农用地（包含林草湿）144.99 万公顷，占全市土地总面积的 79.77%；建设用地 18.96 万公顷，占全市土地总面积的 10.43%；未利用地 17.82 万公顷，占全市土地总面积的 9.80%。全市现有耕地面积 50.61 万公顷，占全市土地总面积的 27.84%，位列全省第一；现有湿地面积 19.01 万公顷，占全市土地总面积的 10.46%，居湖南省第二位；有可利用草场 43.07 万公顷，占全市土地总面积的 23.70%；有林地面积 46.67 万公顷，占全市土地总面积的 25.68%。

5. 矿产资源

在大地构造位置上，常德市跨越扬子地台与华南褶皱带接壤部位，区内地层发育齐全，成矿地质条件优越，形成了丰富的矿产资源。矿产资源的产出与分布受大地构造部位的制约，北部扬子地台矿产资源以能源、非金属矿产为主，南部华南褶皱带以贵金属和有色金属为主。

常德市矿产资源比较丰富，矿种比较齐全，以建材和化工原料等非金属为主，素有"非金属矿产之乡"的美誉。全市已发现矿产 59 种，占全省已发现矿种数 141 种的 41.8%，已探明资源储量的矿种共计 31 种，包括能源矿产 2 种、黑色金属矿产 2 种、有色金属矿产 3 种、贵金属矿产 2 种、非金属矿产 19 种、水气矿产 3 种。金刚石、砂矿、雄黄矿、石煤蕴藏量名列全国之冠；石膏矿、石英砂矿、膨润土蕴藏量居全省第一。列入湖南省矿产资源储量表的矿产就有 22 种，这些资源不仅数量多、规模大，而且矿石质量好、利用率高，在常德市的经济发展和社会发展中起到了支撑作用。

6. 生物资源

截至 2020 年，常德有陆栖脊椎野生动物 379 种，其中哺乳类 56 种、鸟类 285 种、爬行类 23 种、两栖类 15 种，属国家一级保护的有华南虎、云豹、金钱豹、黑麂等 12 种，二级保护的有 66 种。有维管束植物 2062 种，其中国家一级保护的有银杏、红豆杉、伯乐树、珙桐等 6 种，二级保护的有 21 种，列入国际公约的有 49 种。

常德既有武陵、雪峰山系丰富多样的森林植物，又有洞庭湖区的多种栽培植物和水生植物。截至 2020 年，全市已查明的高等植物有 2703 种，约占全省已知高等植物 4324 种的 62.5%。其中裸子植物有 69 种，隶属 8 科 25 属；被子植物

2248 种，隶属 168 科 788 属；蕨类植物 386 种，隶属 43 科 101 属。列入国家重点保护的珍贵稀有植物有 39 种。

截至 2020 年，全市森林覆盖率 47.98%，全年完成造林面积 3.95 万公顷，荒地造林面积 0.71 万公顷，年末实有封山（沙）育林面积 6.2 万公顷。已批准建设自然保护区 7 个，面积 15.2 万公顷，其中国家级自然保护区 3 个、省级自然保护区 2 个。城市人均公园绿地面积 13.65 平方米。

(三) 社会经济发展水平

经初步核算，2020 年常德市实现地区生产总值 3749.1 亿元，比上年增长 3.9%。其中，第一产业增加值 464.6 亿元，增长 4.1%，对经济增长的贡献率为 10.4%；第二产业增加值 1543.7 亿元，增长 4.7%，对经济增长的贡献率为 53.2%；第三产业增加值 1740.8 亿元，增长 3.1%，对经济增长的贡献率为 36.4%。

全市三次产业结构调整为 12.4 : 41.2 : 46.4。第一产业比重提升 1.5 个百分点，第二产业比重提升 0.8 个百分点，第三产业比重下降 2.3 个百分点。

全市完成一般公共预算收入 286.8 亿元，比上年增长 1.8%。地方一般公共预算收入 187.9 亿元，比上年增长 2.4%，其中税收收入 123.6 亿元，比上年增长 2.4%；非税收入 64.2 亿元，比上年增长 2.2%。一般公共财政预算支出 614.0 亿元，比上年增长 0.9%，其中社会保障和就业支出 85.7 亿元，比上年减少 21.0%；教育支出 81.5 亿元，比上年增长 6.6%；农林水事务支出 97.0 亿元，比上年增长 6.5%；医疗卫生支出 61.3 亿元，比上年增长 9.4%；城乡社区事务支出 56.2 亿元，比上年增长 0.8%。

年末公路通车里程 2.3 万公里，其中高速公路里程 430 公里。新增城镇就业人员 5.4 万人，新增农村劳动力转移就业 3.9 万人。落实义务教育保障资金 5.5 亿元，发放中职国家助学金 820.2 万元，资助中职学生 8204 人。

全市居民消费价格指数为 102.2%，商品零售价格指数为 100.9%，按类别分，医疗保健类上涨 1.8%；食品烟酒类上涨 7.3%，居住类下降 1.0%；衣着类上涨 0.1%，交通和通信类下降 3.2%，教育文化和娱乐类上涨 1.1%；其他用品和服务类上涨 6.0%；生活用品及服务类下降 0.2%。

(四) 产业发展情况

常德市产业格局转变加快。培育形成两大千亿产业集群，非烟工业增加值占比由 46% 提高到 52%。中国中车、中国中药、中国建材、国科控股、华为、盐田港集团等一批战略投资者落户常德，烟厂易地技改、中车新能源汽车、迪文科技扩建等 47 个 10 亿元以上产业项目建成投产。交通建设方面，石长铁路开行动车，黔张常铁路建成通车，常益长高铁加快建设；益常高速复线开工建设，安慈高速全线贯通，实现县县通高速；沅澧快速干线基本建成，市域内"1 小时通勤圈"初步形成；桃花源机场跻身全国百强并实现航空口岸临时开放。

常德品牌正在走向全国，桃花源成功创建国家 5A 级旅游景区，柳叶湖晋升国家级旅游度假区。39 个品牌获得国家地理标志登记保护或证明商标，常德成为粤港澳大湾区"菜篮子"重要生产基地。鼎城区、桃源县获评国家农产品质量安全县。创新动能加速释放。中联重科全球最大上回转塔机下线，飞沃科技成为全市首个国家级制造业单项冠军。建成国家现代装备制造高新技术产业化基地、国家生物酶制剂火炬特色产业基地，常德高新区入选国家级创新型产业集群试点。全球首个百兆瓦级多电源融合技术实验验证平台竣工，常德国家生活用纸产品质量监督检验中心成为常德市首个国检中心。知识产权保护工作获评全国先进。

第二节　第二批试点技术路线与工作方法

一、总体技术路线

（一）总体要求

1. 清查矿种范围

（1）实物量清查与价值估算矿种范围

根据《全民所有自然资源资产清查技术指南（试行稿）》（2022 年度）（以下简称《技术指南 2022》）要求，本次矿产资源资产实物量清查与价值估算矿种范围为省级负责矿业权出让、登记的 30 个矿种，包括煤、金、银、铂、锰、铬、铁、铜、铅、锌、铝、镍、磷、锶、铌、钽、硫、金刚石、石棉、二氧化碳、地热和矿泉水等 22 个《技术指南 2022》规定清查矿种，以及除上述矿种以外的石煤、普通萤石、玻璃用白云岩、重晶石、隐晶质石墨、石膏、岩盐、芒硝等 8 个省内优势矿种，详见表 3-2-1。

表 3-2-1 实物量清查与价值估算矿种范围

矿产资源			清查分工	
分类	矿种名称	数量/个	国家	湖南省
《技术指南 2022》规定的矿种	煤、金、银、铂、锰、铬、铁、铜、铅、锌、铝、镍、磷、锶、铌、钽、硫、金刚石、石棉、二氧化碳、地热、矿泉水	22	开展成果核查	开展实物量清查，估算经济价值
省内优势矿种	石煤、普通萤石、玻璃用白云岩、重晶石、隐晶质石墨、石膏、岩盐、芒硝	8	开展成果核查	开展实物量清查，估算经济价值

（2）价格体系建设矿种范围

本次湖南省矿产资源资产价格体系建设矿种范围为：

细化 30 个矿种(钨、锡、锑、钼、钴、锂、钾盐、晶质石墨、煤、金、银、铂、锰、铬、铁、铜、铅、锌、铝、镍、磷、锶、铌、钽、硫、金刚石、石棉、二氧化碳、地热、矿泉水)国家级清查价格，即在 30 个矿种国家级清查价格基础上，根据本省实际测算形成省级清查价格，并建立地市级调整系数。

按照国家矿产资源资产清查价格体系建设的统一要求，除要求细化的国家级清查价格的 30 个矿种，还需探索建立省内石煤、普通萤石、玻璃用白云岩、重晶石、隐晶质石墨、石膏、岩盐、芒硝等其他 8 个优势矿种的资产清查价格，并建立地市级调整系数。

价格体系建设矿种范围详见表 3-2-2。

表 3-2-2　价格体系建设矿种范围

矿产资源			价格体系建设	
分类	矿种名称	数量/个	国家	湖南省
《技术指南2022》规定的矿种	钨、锡、锑、钼、钴、锂、钾盐、晶质石墨、煤、金、银、铂、锰、铬、铁、铜、铅、锌、铝、镍、磷、锶、铌、钽、硫、金刚石、石棉、二氧化碳、地热、矿泉水	30	测算清查价格	建立地区调整系数
省内优势矿种	石煤、普通萤石、玻璃用白云岩、重晶石、隐晶质石墨、石膏、岩盐、芒硝	8		测算清查价格建立地区调整系数

2. 矿产资源分类要求

矿产资源分类采用《中华人民共和国矿产资源法实施细则》(1994年3月26日国务院令第152号发布)中的矿产资源分类细目,包括已查明并上表登记的162种矿产。

3. 数据精度

(1)空间数据的数学基础

采用"2000国家大地坐标系"和"1985国家高程基准"。现有调查监测成果采用其他坐标系统的,应进行统一转换。

(2)计量单位

矿产资源实物量计量单位以储量数据库规定的各矿种计量单位为主,并参考矿业权统一配号系统和矿山开发利用统计数据库管理系统的相关计量单位;矿业权计量单位采用"个";矿产资源资产清查价格单位采用"元/克(千克、吨、立方米)"等,保留两位小数;汇总经济价值单位采用"万元",保留六位小数。

4.清查对象

(1)实物量清查对象

固体矿产数据来源于固体矿产储量数据库,清查对象为资源量,包括探明资源量、控制资源量和推断资源量,其中探明资源量和控制资源量可经济采出的部分即为储量。

地热、矿泉水清查数据来源以矿业权统一配号系统为主,并参考矿山开发利用数据库管理系统,其余矿种清查数据来源以矿产资源储量数据库为主。

(2)价值量估算对象

固体矿产资源价值量估算对象为储量;尚未取得采矿许可证的其他矿产,如矿泉水、地热,在计算经济价值时生产规模可按年最大允许开采量确定,出让年限统一为10年。

5.清查单元

省级矿产资源资产清查单元包括:

①固体矿产:矿产资源储量数据库上表矿区。

②地热:地热田。

③矿泉水:根据清查单位的实际情况,选择水源地、矿区、井或孔作为清查单元。

6.清查基准时点

本次清查试点工作的基准时点为2020年12月31日。

(二)技术路线

根据试点任务,湖南省矿产资源资产清查试点技术路线分为实物量清查,价格体系建设,价值估算、成果核查与应用三个阶段,详见图3-2-1。

矿产资源资产清查

1. 实物量清查

1.1 清查资料准备
- 固体矿产资源储量数据库
- 矿业权统一配号系统
- 生态保护线与自然资源保护地数据
- 国情调查成果
- 矿山开发利用统计数据库
- 其他资料

1.2 采集资源属性信息
- 品位、品级
- 资源规模
- 保有资源储量
- 空间分布情况

1.3 补充属性信息

1.4 核查实物量信息

2. 价格体系建设

2.1 分矿种确定矿产资源集中区
- 按矿床类型、矿物成分、产品用途等分类确定矿产资源生产集中区

2.2 收集、统计集中区内的生产矿山企业资料
- 企业生产财务会计报表
- 矿产资源开发利用方案
- 项目可行性研究报告
- 矿业权评估报告

有生产矿山数据资料
- 是
- 否

2.3 净现值法测算清查价格
- 标准矿山（田）价值测算
- 确定标准矿山（田）剩余可采资源储量
- 测算标准矿山（田）单价

测算清查价格和统筹平衡
- 计算所选中区域标准矿山单价均值
- 统筹平衡确定省级清查价格

2.4 调整法测算清查价格
- 国家级清查价格细化
  - 资源禀赋
  - 外部建设条件
- 确定省级调整系数
- 确定省级清查价格

2.5 省级清查价格细化
- 资源禀赋
- 外部建设条件
- 确定地市级调整系数
- 确定地市级清查价格

3. 价值估算、成果核查与应用

3.1 估算资产经济价值

3.2 清查过程和成果核查

3.3 数据整合和数据建库

3.4 形成清查成果
- 统计分析
- 成果应用

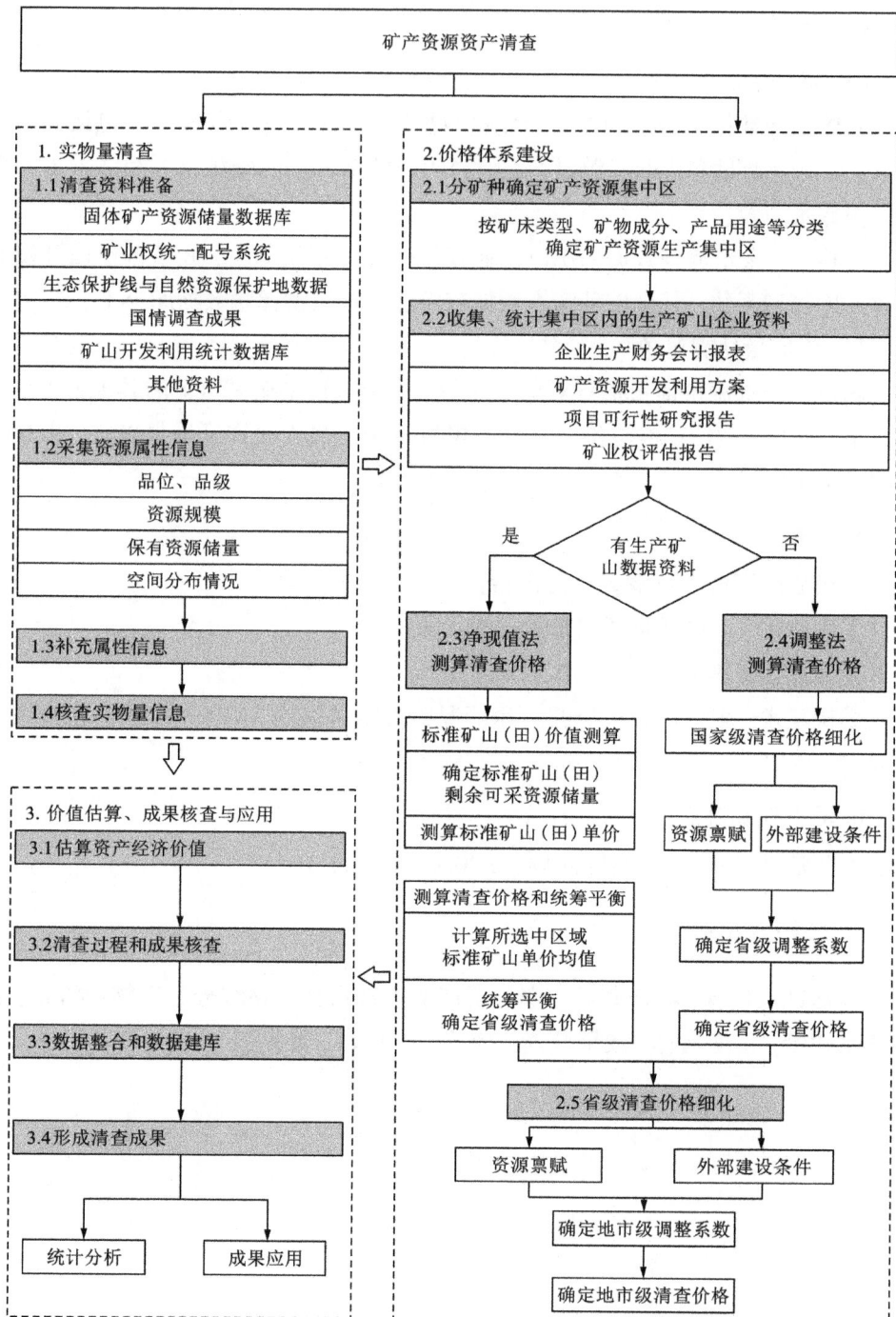

图 3-2-1　矿产资源资产清查第二批试点技术路线图

(三) 技术标准文件

湖南省矿产资源资产清查第二批试点工作引用的技术标准主要有：

GB/T 2260 中华人民共和国行政区划代码

GB/T 7027 信息分类和编码的基本原则与方法

GB/T 9649 地质矿产术语分类代码

GB/T 11615 地热资源地质勘查规范

GB/T 13727 天然矿泉水资源地质勘查规范

GB/T 13908 固体矿产地质勘查规范总则

GB/T 13923 基础地理信息要素分类与代码

GB/T 13989 国家基本比例尺地形图分幅和编号

GB/T 15281 中国油、气田名称代码

GB/T 16820 地图学术语

GB/T 17766 固体矿产资源/储量分类

GB/T 17798 地理空间数据交换格式

GB/T 33444 固体矿产勘查工作规范

GB/T 33453 基础地理信息数据库建设规范

GB 21139 基础地理信息标准数据基本规定

GB 35650 国家基本比例尺地图测绘基本技术规定

CH/T 1007 基础地理信息数字产品元数据

CH/T 1008 基础地理信息数字产品 1∶10000、1∶50000 数字高程模型

全民所有自然资源资产清查技术指南(试行稿)(2022 年度)

全民所有自然资源清查数据规范(征求意见稿)(2022 年度)

二、实物量清查

(一) 清查资源准备

湖南省矿产资源资产清查涉及的基础数据分为底图数据、专题数据、财务数据和其他数据，主要包括矿产资源储量数据、矿业权数据、矿山开发利用数据、矿产资源国情调查成果、生态红线和自然保护地数据等。数据收集工作由多方相关部门的协调配合完成，各类基础数据主要由湖南省自然资源厅及各矿山企业协

助提供，湖南省地质调查所组织技术人员前往省市县各级自然资源主管部门、矿山企业进行调查和收集。

为保证资料完整与客观，在资料收集工作结束后由参与人员对相关成果进行自查，核实收集到的调查资料是否翔实完整。如有遗漏和不实，应及时补充和改正。对完成检查的表格、文字资料按类型进行整理，装订成册，形成档案卷；对图件按数据处理要求进行数字化、整饰，将地理空间数据统一转换为 2000 国家大地坐标系下的数据。

湖南省矿产资源资产清查涉及的基础数据详见表3-2-3。

表 3-2-3　矿产资源资产清查所需资料清单

数据类型	数据	资料来源
底图数据	矿产资源储量数据库	湖南省自然资源厅
专题数据	矿产资源国情调查成果	湖南省自然资源厅
	矿业权统一配号系统	湖南省自然资源厅
	湖南矿山开发利用数据库	湖南省自然资源厅
	储量年报	湖南省自然资源厅、矿山企业
	储量核实报告	湖南省自然资源厅、矿山企业
	矿山开发利用方案	湖南省自然资源厅、矿山企业
	可行性研究报告	湖南省自然资源厅、矿山企业
财务数据	矿产企业采选生产报表	矿山企业
	矿产企业财务报表	矿山企业
其他数据	生态保护红线	湖南省自然资源厅
	自然保护地	湖南省自然资源厅
	高分辨率遥感影像	湖南省自然资源厅
	行政区划界线	湖南省自然资源厅

(二)属性信息提取

1. 空间信息提取

从矿产资源储量库中提取各清查矿种的矿区范围[登记分类编号(DJFLBH)

为 1000 的数据],要素层重新命名为"矿产资源范围_原始"(KCZYFW_O)。针对矿区坐标缺失的进行补充,实在无法补充或者处理的,若有中心点坐标,可以点状坐标上图,形成点状图层"矿产资源范围_原始"(KCZYFWP_O)。

从矿产资源储量库中提取各清查矿种的资源储量估算范围,要素层重新命名为"储量估算范围_原始"(CLGSFW_O)。针对资源储量估算范围坐标缺失的进行补充,实在无法补充或者处理的,若有中心点坐标,可以点状坐标上图,形成点状图层"储量估算范围_原始"(CLGSFWP_O)。

从全国矿业权统一配号系统、矿山开发利用统计数据库(或其他数据源)中提取地热、矿泉水资源信息,要素层命名为"地热、矿泉水资源范围_原始"(DRKQSZYFW_O)。针对地热、矿泉水资源原始数据中为点状的情况,提取相应信息,形成点状图层"地热、矿泉水资源范围_原始"(DRKQSZYFWP_O)。

从矿产资源储量库中提取各清查矿种的压覆范围[登记分类编号(DJFLBH)大于 4000 的数据],要素层重新命名为"压覆范围_原始"(YFFW_O)。

从全国矿业权统一配号系统(或其他数据源)中提取各清查矿种的探矿权、采矿权信息,要素层命名为"探矿权_采矿权_原始"(TKQ_CKQ_O)。

2. 属性信息挂接

根据"固体矿产资源资产清查基础情况属性结构描述表一"(见表 3-2-4)要求,以矿产资源储量数据库上表矿区为清查单元,查明它们的矿区编码、矿区名称、勘查阶段、利用类型代码、未利用原因代码、中心点坐标、埋深、标高等数据。将相关属性字段挂接到"矿产资源范围_原始"(KCZYFW_O、KCZYFWP_O),联结字段选择矿区编码,要素层重新保存为"矿产资源范围"(KCZYFW、KCZYFWP)。

表 3-2-4 固体矿产资源资产清查基础情况属性结构描述表一

序号	字段名称	字段代码	字段类型	字段长度	小数位数	值域	约束条件	备注
1	资产清查标识码	ZCQCBSM	Text	22			M	
2	要素代码	YSDM	Text	10			M	
3	行政区名称	XZQMC	Text	100		本表注 10	M	
4	行政区代码	XZQDM	Text	19		本表注 10	M	
5	矿区编码	KQBM	Text	9		本表注 3	M	

续表3-2-4

序号	字段名称	字段代码	字段类型	字段长度	小数位数	值域	约束条件	备注
6	矿区名称	KQMC	Text	254		本表注4	M	
7	勘查阶段	KCJD	Text	8		本表注5	O	
8	利用类型代码	LYLXDM	Text	8		本表注6	O	
9	未利用原因代码	WLYYYDM	Text	8		本表注7	O	
10	中心点坐标	ZXDZB	Text	30		本表注12	O	
11	埋深	MS	Text	64		本表注8	O	
12	标高	BG	Text	64		本表注9	O	
13	区域扩展代码	QYKZDM	Text	19		本表注11	O	
14	备注	BZ	Text	254			O	

表注:

注1:以矿区为清查单元。

注2:本表数据来源于矿产资源储量数据库。

注3:"矿区编码"栏,按矿产资源储量数据库中矿区编码填写。

注4:"矿区名称"栏,按矿产资源储量数据库中矿区名称填写。

注5:"勘查阶段"栏,按矿产资源储量数据库中勘查阶段填写。

注6:"利用类型代码"栏,利用类型具体分类,见《技术指南2022》"七、矿产资源资产清查"中表A.16,选择对应的类型代码填写。

注7:"未利用原因代码"栏,对于可利用情况属于"近期难以利用"和"近期不宜进一步工作"的矿区,须填写原因。

注8:"埋深"栏,按矿产资源储量数据库中矿体埋深或埋深范围填写。

注9:"标高"栏,按矿产资源储量数据库中矿体标高或计算标高范围填写。

注10:"行政区名称""行政区代码"栏,按实际清查情况填写。

注11:区域扩展代码填写新疆兵团、高新区等不在2020年底民政部发布的行政区划代码范围内的代码。

注12:"中心点坐标"栏,按矿产资源储量数据库中经纬度坐标填写。

　　根据"固体矿产资源资产清查基础情况属性结构描述表二"(见表3-2-5)和"固体矿产资源资产清查基础情况扩展属性结构描述表"(见表3-2-6)要求,以矿产资源储量数据库未利用矿产资源储量、矿山占用的矿产资源储量、矿山残留的矿产资源储量、压覆矿区或矿山的矿产资源储量为具体清查统计基础,查明它们的矿区编码、矿区名称、储量登记分类编号、矿山编号、矿山名称、矿产组合、矿种类型、矿产名称、矿石类型、矿石品级、资源规模、保有资源储量、开采技术条件、压覆情况等信息。将相关属性字段挂接到"储量估算范围_原始"（CLGSFW_O、CLGSFWP_O），联结字段选择矿区编码和储量登记分类编号，要素层重新保存为"储量估算范围"（CLGSFW、CLGSFWP）。

表 3-2-5　固体矿产资源资产清查基础情况属性结构描述表二

序号	字段名称	字段代码	字段类型	字段长度	小数位数	值域	约束条件	备注
1	资产清查标识码	ZCQCBSM	Text	22			M	
2	要素代码	YSDM	Text	10			M	
3	行政区名称	XZQMC	Text	100			M	
	行政区代码	XZQDM	Text	19			M	
4	矿区编码	KQBM	Text	9		本表注2		
5	矿区名称	KQMC	Text	254		本表注3	M	
6	储量登记分类编号	CLDJFLBH	Text	4		本表注4	M	
7	矿山编号	KSBH	Text	25		本表注5	O	
8	矿山名称	KSMC	Text	254		本表注5	O	

表注：

注1：以矿区为清查单元。本表数据来源于矿产资源储量数据库。

注2："矿区编码"栏，按矿产资源储量数据库中矿区编码填写。

注3："矿区名称"栏，按矿产资源储量数据库中矿区名称填写。

注4："储量登记分类编号"栏，按矿产资源储量数据库中登记分类编号填写，不考虑登记分类编号4开头的部分。

注5："矿山编号""矿山名称"栏，按矿产资源储量数据库中矿山编号、矿山名称填写。

表 3-2-6　固体矿产资源资产清查基础情况扩展属性结构描述表

序号	字段名称	字段代码	字段类型	字段长度	小数位数	值域	约束条件	备注
1	资产清查标识码	ZCQCBSM	Text	22			M	
2	矿产组合	KCZH	Text	10		本表注2	O	

续表3-2-6

序号	字段名称	字段代码	字段类型	字段长度	小数位数	值域	约束条件	备注
3	矿种类型	KZLX	Text	10		本表注2	M	
4	矿产代码	KCDM	Text	10		本表注3	M	
5	矿产名称	KCMC	Text	30		本表注3	M	
6	矿石类型	KSLX	Text	10		本表注4		
7	矿石类型名称	KSLXMC	Text	30		本表注4		
8	矿石品级	KSPJ	Text	5		本表注4	O	
9	资源储量规模	ZYCLGM	Text	30		本表注5	M	
10	资源储量分类	ZYCLFL	Text	10		本表注5	M	
11	矿石量计量单位	KSLJLDW	Text	30		本表注5	O	
12	矿石量	KSL	Double	15	2	本表注5	O	
13	金属量计量单位	JSLJLDW	Text	30		本表注5	O	
14	金属量	JSL	Double	15	2	本表注5	O	
15	开采技术条件	KCJSTJ	Text	10		本表注6	O	
16	构造复杂程度	GZFZCD	Text	10		本表注6	O	
17	水文地质条件	SWDZTJ	Text	10		本表注6	O	
18	是否压覆	SFYF	Text	10		本表注7	M	
19	压覆量	YFL	Double	15	2	本表注8	O	
20	划入生态保护红线资源储量	STBHHXCL	Double	15	2	本表注9	O	
21	划入自然保护地核心区资源储量	BHDHXQCL	Double	15	2	本表注10	O	
22	清查价格	QCJG	Double	15	2	本表注11	M	
23	调整系数	TZXS	Double	15	2	本表注12	M	
24	区域扩展代码	QYKZDM	Text	19		本表注13	O	
25	资产清查标识码（关联）	ZCQCBSM_GL	Text	22		本表注14	M	
26	备注	BZ	Text	254			O	

表注：

注1：以矿区为清查单元。本表数据来源于矿产资源储量数据库。

注2："矿产组合""矿种类型"栏，按矿产资源储量数据库中矿产组合、矿种类型填写。

注3："矿产代码""矿产名称"栏，按矿产资源储量数据库中矿产代码、矿产名称填写。

注4："矿石类型""矿石类型名称""矿石品级"栏，按矿产资源储量数据库中矿石类型、矿石品级、主矿种品位单位、主要矿种平均品位填写。

注5："资源储量规模""资源储量分类""矿石量计量单位""矿石量""金属量计量单位""金属量"栏，按矿产资源储量数据库中资源储量的规模、分类、矿石量计量单位、矿石量、金属量计量单位、金属量填写，其中数量按矿产资源储量数据库中资源储量填写，如果有金属量和矿石量，则需要分行填列。

注6："开采技术条件""构造复杂程度""水文地质条件"栏，按矿产资源储量数据库中水文地质条件、供水满足和供电满足程度填写。

注7："是否压覆"栏，按矿产资源是否压覆填写："是"或"否"。

注8："压覆量"栏，按矿产资源储量数据库中压覆量填写。

注9："划入生态保护红线资源储量"栏，按实际情况填写。

注10："划入自然保护地核心区资源储量"栏，按实际情况填写。

注11："清查价格"栏，按矿产资源资产所在区域内清查价格填写，计量单位：元。

注12："调整系数"栏，矿种对应的地区调整系数。

注13：对于来源于矿产资源储量数据库、经核实需要修改的数据，请说明修改内容、理由或依据。区域扩展代码填写新疆兵团、高新区等不在2020年底民政部发布的行政区划代码范围内的代码。

注14：固体矿产资源资产清查基础情况扩展属性结构描述表二与固体矿产资源资产清查基础情况扩展属性结构描述表为主子表关系，前者作为主表是空间属性表，后者作为子表是非空间属性表。"资产清查标识码（关联）"栏，作为关联字段，填写固体矿产资源资产清查基础情况属性结构描述表二中的资产清查标识码。

根据"地热、矿泉水资源资产清查基础情况属性结构描述表"（见表3-2-7）要求，以全国矿业权统一配号系统、矿山开发利用统计数据库中（或其他数据源）地热田、水源地、矿区、井或孔作为清查单元，查明它们的矿区（井、孔）编码、矿区（井、孔）名称、矿种类型、矿产名称、质量描述、规模、工作程度、资源动用量数量、出让年限、开采技术条件、压覆情况等信息。将相关属性字段挂接到"地热、矿泉水资源范围_原始"（DRKQSZYFW_O、DRKQSZYFWP_O），联结字段选择矿区编号，要素层重新保存为"地热、矿泉水资源范围"（DRKQSZYFW、DRKQSZYFWP）。

表 3-2-7　地热、矿泉水资源资产清查基础情况属性结构描述表

序号	字段名称	字段代码	字段类型	字段长度	小数位数	值域	约束条件	备注
1	资产清查标识码	ZCQCBSM	Text	22		本表注5	M	
2	要素代码	YSDM	Text	10			M	
3	行政区名称	XZQMC	Text	100			M	—
4	行政区代码	XZQDM	Text	19			M	—
5	矿区(井田)、(井、孔)编码	KQBM	Text	23		本表注3	M	
6	矿区(井田)、(井、孔)名称	KQMC	Text	254		本表注4	M	
7	矿种类型	KZLX	Text	10		本表注6	M	
8	矿产代码	KCDM	Text	10		本表注7	M	
9	矿产名称	KCMC	Text	30		本表注7	M	
10	质量描述	ZLMS	Text	254		本表注8	O	
11	规模	GM	Text	10		本表注9	O	
12	工作程度	GZCD	Text	10		本表注9	O	
13	资源动用量计量单位	ZYDYLJLDW	Text	30		本表注10	M	
14	资源动用量数量	ZYDYLSL	Double	15	2	本表注10	M	
15	出让年限	CRNX	Text	4			M	
16	开采技术条件	KCJSTJ	Text	50		本表注11	O	
17	是否压覆	SFYF	Text	10		本表注12	M	
18	划入生态保护红线资源动用量	STBHHXDYL	Double	15	2	本表注13	O	
19	划入自然保护地核心区资源动用量	BHDHXQDYL	Double	15	2	本表注14	O	
20	清查价格	QCJG	Double	15	2	本表注15	M	
21	调整系数	TZXS	Double	15	2	本表注16	M	
22	区域扩展代码	QYKZDM	Text	19			O	
23	备注	BZ	Text	254			O	

表注:

注1:以矿区(井田)、(井、孔)为清查单元。

注2:本表数据来源于矿业权统一配号系统。

注3:"矿区(井田)、(井、孔)编码"栏,按矿业权统一配号系统中矿区编码填写。

注4："矿区(井田)、(井、孔)名称"栏,按矿业权统一配号系统中矿区名称填写。

注5："资产清查标识码"栏,按照清查数据成果汇交规范清查标识码编制规则编制。

注6："矿种类型"栏,按矿业权统一配号系统中地热、矿泉水类型填写。

注7："矿产代码"、"矿产名称"栏,按矿业权统一配号系统中矿产代码、矿产名称填写。

注8："质量描述"栏,按矿业权统一配号系统中质量描述填写。

注9："规模"、"工作程度"栏,按矿业权统一配号系统中规模或工作程度填写。

注10："资源动用量计量单位"、"资源动用量数量"栏,按矿业权统一配号系统中允许开采量填写。

注11："开采技术条件"栏,按矿业权统一配号系统中开采技术条件填写。

注12："是否压覆"栏,按矿产资源是否压覆填写:"是"或"否"。

注13："划入生态保护红线资源动用量"栏,按实际情况填写。

注14："划入自然保护地核心区资源动用量"栏,按实际情况填写。

注15："清查价格"栏,按单位管理的区域内清查价格填写,计量单位:元。

注16："调整系数"栏,地热、矿泉水资源对应的基准价综合调整系数。

根据"压覆范围属性结构描述表"(见表3-2-8)要求,从矿产资源储量库中提取登记分类编号(DJFLBH)大于4000的数据。查明它们的矿区编码、储量登记分类编号、建设项目名称、建设项目类别、压覆性质等信息。将相关属性字段挂接到"压覆范围_原始"(YFFW_O),联结字段选择矿区编码和储量登记分类编号,要素层重新保存为"压覆范围"(YFFW)。

表3-2-8　压覆范围属性结构描述表

序号	字段名称	字段代码	字段类型	字段长度	小数位数	值域	约束条件	备注
1	资产清查标识码	ZCQCBSM	Text	22			M	
2	要素代码	YSDM	Text	10			M	
3	矿区编码	KQBM	Text	9		本表注2	M	
4	储量登记分类编号	CLDJFLBH	Text	4			M	
5	建设项目名称	JSXMMC	Text	50		本表注3	O	
6	建设项目类别	JSXMLB	Text	20		本表注4	O	
7	压覆性质	YFXZ	Text	10		本表注5	O	

表注:

注1:本表数据来源于矿产资源储量数据库。

注2:"矿区编码"栏,按矿产资源储量数据库中矿区编码填写。

注3:"建设项目名称"栏,按矿产资源储量数据库中建设项目名称填写。

注4:"建设项目类别"栏,按矿产资源储量数据库中建设项目类别填写。

注5:"压覆性质"栏,按矿产资源储量数据库中压覆性质填写。

根据"探矿权、采矿权市场出让情况属性结构描述表"(见表3-2-9)和"矿业权设置基本情况属性结构描述表"(见表3-2-10)要求,从矿业权统一配号系统,清查截至2020年12月31日的探矿权和采矿权的出让情况,重点清查许可证编号、矿业权项目名称、矿产名称、生产规模、开采方式、出让金额、出让率、出让方式、矿权类型、矿业权人名称、发证机关、发证时间和有效期时间等。清查矿业权处置基本情况,重点清查矿业权类型、矿业权数量以及未有偿处置资源量。将相关属性字段挂接到"压覆范围_原始"(YFFW_O),联结字段选择矿业权项目编码,要素层重新保存为"探矿权_采矿权"(TKQ_CKQ)。

表3-2-9 探矿权、采矿权市场出让情况属性结构描述表

序号	字段名称	字段代码	字段类型	字段长度	小数位数	值域	约束条件	备注
1	资产清查标识码	ZCQCBSM	Text	22		本表注4	M	
2	要素代码	YSDM	Text	10			M	
3	行政区名称	XZQMC	Text	100			M	–
4	行政区代码	XZQDM	Text	19			M	–
5	许可证编号	XKZBH	Text	50		本表注8	M	
6	矿业权项目名称	KYQXMMC	Text	50		本表注2	M	
7	矿种类型	KZLX	Text	10		本表注3	M	
8	矿产代码	KCDM	Text	10		本表注3	M	
9	矿产名称	KCMC	Text	30		本表注3	M	
10	生产规模	SCGM	Text	254		本表注5	O	
11	开采方式	KCFS	Text	30		本表注6	O	
12	出让金额	CRJE	Double	10	2	本表注7	O	
13	出让率	CRL	Double	10	2	本表注7	O	
14	所在矿区编码	SZKQBM	Text	9		本表注8	M	
15	矿权类型	KQLX	Text	10		本表注8	M	

续表3-2-9

序号	字段名称	字段代码	字段类型	字段长度	小数位数	值域	约束条件	备注
16	出让方式	CRFS	Text	10		本表注8	M	
17	矿业权人名称	KYQRMC	Text	50		本表注8	M	
18	发证机关	FZJG	Text	10		本表注8	M	
19	发证时间	FZSJ	Date	8		本表注8	M	
20	有效期时间	YXQSJ	Text	4		本表注8	M	
21	有效期起	YXQQ	Date	8		本表注8	M	
22	有效期止	YXQZ	Date	8		本表注8	M	
23	区域扩展代码	QYKZDM	Text	19			O	
24	备注	BZ	Text	254			O	

表注:

注1:以矿业权项目为清查单元。

注2:"矿业权项目名称"栏,按矿业权统一配号系统中矿业权项目名称填写。

注3:"矿种类型""矿产代码""矿产名称"栏,按矿业权统一配号系统中矿种类型、矿产代码、矿产名称填写。

注4:"资产清查标识码"栏,按照清查数据成果汇交规范清查标识码编制规则编制。

注5:"生产规模"栏,按矿业权统一配号系统中生产规模填写。

注6:"开采方式"栏,按矿业权统一配号系统中矿种名称填写。

注7:"出让金额""出让率"栏,按矿业权统一配号系统中出让金额和出让率填写。

注8:"许可证编号""所在矿区编码""矿权类型""出让方式""矿业权人名称""发证机关""发证时间""有效期时间"栏,按矿业权统一配号系统中所在矿区编码填写,如果所在矿区为两个以上,则所在矿区编码用逗号分隔后分别填写。

注9:对核实过程中需要修改的数据,请说明修改内容、理由或依据。

表3-2-10 矿业权设置基本情况属性结构描述表

序号	字段名称	字段代码	字段类型	字段长度	小数位数	值域	约束条件	备注
1	资产清查标识码	ZCQCBSM	Text	22		本表注3	M	
2	地区	DQ	Text	50		本表注1	M	
3	矿产代码	KCDM	Text	10		本表注2	M	

续表3-2-10

序号	字段名称	字段代码	字段类型	字段长度	小数位数	值域	约束条件	备注
4	矿产名称	KCMC	Text	30		本表注2	M	
5	矿业权类型	KYQLX	Text	50		本表注4	M	
6	矿业权数量合计	KYQSLHJ	Double	10		本表注5	M	
7	已有偿处置矿业权数量	YYCCZKYQSL	Double	10		本表注6	M	
8	部分有偿处置矿业权数量	BFYCCZKYQSL	Double	10		本表注7	M	
9	未有偿处置矿业权数量	WYCCZKYQSL	Double	10		本表注8	M	
10	未有偿处置矿产资源储量计量单位	WYCCLJLDW	Text	30		本表注9	O	
11	未有偿处置矿产资源储量数量	WYCCZZYSL	Double	15	2	本表注10	O	
12	未有偿处置的资源储量基准日	CLJZR	Date	8		本表注12	O	
13	备注	BZ	Text	254			O	

表注：

注1："地区"栏，按填报单位所在省份填写。

注2："矿产代码""矿产名称"栏，按所在省份实际矿产代码和矿产名称填写。

注3："资产清查标识码"栏，按照清查数据成果汇交规范清查标识码编制规则编制。

注4："矿业权类型"栏，按探矿权和采矿权分类。

注5："矿业权数量合计"栏，按所在省份实际设置矿业权填写，计量单位：个。

注6："已有偿处置矿业权数量"栏，按所在省份实际已经有偿处置矿业权填写，计量单位：个。

注7："部分有偿处置矿业权数量"栏，按所在省份实际部分有偿处置矿业权填写，计量单位：个。

注8："未有偿处置矿业权数量"栏，按所在省份实际未有偿处置矿业权填写，计量单位：个。

注9："未有偿处置矿产资源储量计量单位"栏，按储量计量单位填写。

注10："未有偿处置矿产资源储量数量"栏，按所在省份实际矿种对应的未有偿处置矿产资源储量填写。

注11：对无偿占有属于国家出资探明矿产地的探矿权和无偿取得的采矿权，应缴纳价款但尚未缴纳的矿业权进行统计。

注12："未有偿处置的资源储量基准日"栏，按清查区域已有规定的基准日填写。

(三)补充属性信息

分别对各要素层属性字段进行查阅,并对完整性缺失(漏填)、规范性错误(填写不规范)的属性字段图斑进行标注。标注方法为在要素层属性表新建属性字段"SXCW",属性缺失填写"L—属性字段代码",属性错误填写"W—属性字段代码"。

针对各要素层属性字段"SXCW"中填写"L—属性字段代码"的数据,采用矿产资源国情调查、矿山开发利用数据库管理系统和外业补充调查等其他数据进行补充完善。对填写"W—属性字段代码"的数据,在分析判别后进行改正。

三、价格体系建设

(一)基本思路

参考《环境经济核算体系 2012 中心框架》推荐的净现值(NPV)法,测算各矿种的清查价格。

1. 划分生产集中区

各矿种按照生产矿山的矿床类型、矿物成分、产品用途等划分不同类型的矿产资源生产集中区。

2. 选择典型生产集中区

各矿种在每一类集中区中,根据矿产品产量选择具有代表性的 1~5 个集中区,如果该类型集中区数量少于 5 个,则全选;如果集中区数量多于 5 个,则选择产量占前 5 位的集中区。

3. 测算标准矿山价值

在选定的每一个集中区中,根据矿山生产规模大、中、小型,测算各类型矿山近 5 年相关参数的平均值(算术平均),计算过程中应剔除高度异常值(与平均值的偏差超过三倍标准差的值)。将集中区内各参数的平均值作为标准矿山的参数,计算标准矿山的资源租金,假设标准矿山剩余可采储量可供服务年限内每年资源租金恒定,将未来资源的资源租金折现到基准时点,得到标准矿山的矿产资源资产价值。

4. 测算矿种清查价格

集中区内所选矿山剩余可采储量（截至清查基准时点）的平均值为标准矿山的剩余可采储量，将标准矿山的矿产资源资产价值除以标准矿山剩余可采储量，得出各类型各集中区标准矿山清查价格，再通过算术平均得出该矿种各类型矿产资源清查价格。

（二）价格信号采集

1. 划分生产集中区

各矿种按照生产矿山的矿床类型、矿物成分、产品用途等划分不同类型的矿产资源生产集中区。根据生产集中区划分结果，填写"矿产资源生产集中区信息属性结构描述表"（见表3-2-11）。

表3-2-11 矿产资源生产集中区信息属性结构描述表

序号	字段名称	字段代码	字段类型	字段长度	小数位数	值域	约束条件	备注
1	资产清查标识码	ZCQCBSM	Text	22			M	
2	资料单位	ZLDW	Text	50			M	
3	资料名称	ZLMC	Text	50			M	
4	资料内容简述	ZLNRJS	Text	200			M	
5	资料电子文档（附件）	ZLDZWD	Text	100			M	
6	收集时间	SJSJ	Date	8			M	
7	收集人员	SJRY	Text	50			M	
8	生产集中区标识	SCJZQBS	Text	10			M	
9	生产集中区	SCJZQ	Text	30			M	
10	省	SHENG	Text	30			M	
11	市	SHI	Text	30			M	
12	县	XIAN	Text	30			M	
13	主要矿种描述	ZYKZMS	Text	254			M	
14	矿石工业类型	KSGYLX	Text	30			O	
15	分布地区	FBDQ	Text	30			M	

续表3-2-11

序号	字段名称	字段代码	字段类型	字段长度	小数位数	值域	约束条件	备注
16	规划矿区(矿产资源生产集中区)	GHKQ	Text	30			O	
17	区域扩展代码	QYKZDM	Text	19			O	
18	备注	BZ	Text	254			O	

2. 收集基础数据

以 2020 年 12 月 31 日为基准时点,根据生产集中区划分结果,收集生产集中区各生产矿山企业生产财务会计报表、采选生产报表、矿产资源开发利用方案、项目可行性研究报告、矿业权评估报告、储量年报、储量核实报告等资料。

根据"矿产企业生产经营财务基础资料信息属性结构描述表"(见表 3-2-12)要求,从收集的基础数据中提取生产矿山的矿种、共伴生矿产类型、主要矿石类型、矿床工业类型、保有资源储量、剩余可采储量、采出量、平均品位、产品方案、产品产量、矿山剩余服务年限、生产经营状态、矿石贫化率、采矿回采率、选矿回收率、综合利用率等矿山企业生产实际基础资料信息。

表 3-2-12 矿产企业生产经营财务基础资料信息属性结构描述表

序号	字段名称	字段代码	字段类型	字段长度	小数位数	值域	约束条件	备注
1	资产清查标识码	ZCQCBSM	Text	22			M	
2	资料单位	ZLDW	Text	50			M	
3	资料名称	ZLMC	Text	50			M	
4	资料内容简述	ZLNRJS	Text	200			M	
5	资料电子文档(附件)	ZLDZWD	Text	100			M	
6	收集时间	SJSJ	Date	8			M	
7	收集人员	SJRY	Text	50			M	
8	矿山企业标识码	KSQYBSM	Text	23			M	
9	矿山企业名称	KSQYMC	Text	100			M	

续表3-2-12

序号	字段名称	字段代码	字段类型	字段长度	小数位数	值域	约束条件	备注
10	年度	ND	Int	4			M	
11	矿产代码	KCDM	Text	10			M	
12	矿产名称	KCMC	Text	30			M	
13	共伴生矿产类型	ZGBSKCLX	Text	30			M	
14	主要矿石类型	ZYKSLX	Text	30			O	
15	矿床工业类型	KCGYLX	Text	30			O	
16	矿石量计量单位	KSLDW	Text	30			O	
17	金属量计量单位	JSLDW	Text	30			O	
18	品位计量单位	PWJLDW	Text	30			O	
19	保有资源储量类型	BYZYCLLX	Text	30			O	
20	保有资源储量基准日	BYZYCLJZR	Date	8			O	
21	保有资源储量矿石量	BYZYCLKSL	Double	18	2		O	
22	保有资源储量金属量	BYZYCLJSL	Double	18	2		O	
23	保有资源储量平均品位	BYZYCLPJPW	Text	30			O	
24	剩余可采储量矿石量	SYKCCLKSL	Double	18	2		O	
25	剩余可采储量金属量	SYKCCLJSL	Double	18	2		O	
26	剩余可采储量平均品位	SYKCCLPJPW	Text	30			O	
27	年采出量矿石量	NCCLKSL	Double	18	2		O	
28	年采出量金属量	NCCLJSL	Double	18	2		O	
29	年采出量平均品位	NCCLPJPW	Text	30			O	
30	产品方案	CPFA	Text	30			O	
31	产品产量	CPCL	Double	18	2		O	
32	矿山剩余服务年限	KSSYFWNX	Double	18	2		O	
33	生产经营状态	SCJYZT	Text	30			M	
34	矿石贫化率	KSPHL	Text	30			O	
35	采矿回采率	CKHCL	Text	30			O	
36	选矿回收率	XKHSL	Text	30			O	
37	综合利用率	ZHLYL	Text	30			O	

续表3-2-12

序号	字段名称	字段代码	字段类型	字段长度	小数位数	值域	约束条件	备注
38	区域扩展代码	QYKZDM	Text	19			O	
39	备注	BZ	Text	254			O	

表注:

1. 资料收集时间范围:2016—2020年。

2. 数据来源:生产地质及计划部门依据地质报告(勘查报告、储量核实报告和储量年报)、矿山设计文件、项目可行性方案,并结合企业生产实际填列。

3. 产品方案说明最终产品的类型及产品的品位,如铅精矿(50%),共伴生组分产品情况也需填列;一个矿种对应多个产品方案时需分行填列。

4. 产品产量按计价产品的数量进行填写,如产品为铅精矿,则填报铅精矿中含铅金属的数量。

5. 保有资源储量、剩余可采储量、年采出量中的矿石量、平均品位。

6. 生产经营状态需说明未达产、达产、改扩建等。

根据"典型生产矿山企业资源情况、矿产品及销售情况属性结构描述表"(见表3-2-13)要求,从收集的基础数据中提取矿产品年产量、矿产品销售价格(不含税)、营业成本、营业费用、管理费用、总成本费用、财务费用、税金及附加、开采专项补贴、资源税、矿业权出让收益、矿业权占用费(使用费)、矿产资源补偿费、生产资产回报、投资金额等矿山企业生产经营财务基础资料信息。

表3-2-13　典型生产矿山企业资源情况、矿产品及销售情况属性结构描述表

序号	字段名称	字段代码	字段类型	字段长度	小数位数	值域	约束条件	备注
1	资产清查标识码	ZCQCBSM	Text	22			M	
2	资料单位	ZLDW	Text	50			M	
3	资料名称	ZLMC	Text	50			M	
4	资料内容简述	ZLNRJS	Text	200			M	
5	资料电子文档(附件)	ZLDZWD	Text	100			M	
6	收集时间	SJSJ	Date	8			M	
7	收集人员	SJRY	Text	50			M	
8	矿山企业标识码	KSQYBSM	Text	23			M	

续表3-2-13

序号	字段名称	字段代码	字段类型	字段长度	小数位数	值域	约束条件	备注
9	矿山企业名称	KSQYMC	Text	100			M	
10	年度	ND	Int	4			M	
11	矿产代码	KCDM	Text	10			M	
12	矿产名称	KCMC	Text	30			O	
13	矿产品代码	KCPDM	Text	30			O	
14	矿产品名称	KCPMC	Text	30			O	
15	矿产品计量单位	KCPJLDW	Text	30			O	
16	矿产品年产量	KCPNCL	Double	18	2		O	
17	年产品销售价格(不含税)	NXSJG	Double	18	2		O	
18	营业成本	YYCB	Double	18	2		O	
19	营业费用	YYFY	Double	18	2		O	
20	管理费用	GLFY	Double	18	2		O	
21	总成本费用	ZCBFY	Double	18	2		O	
22	财务费用	CWFY	Double	18	2		O	
23	税金及附加	SJJFJ	Double	18	2		O	
24	开采专项补贴	KCZXBT	Double	18	2		O	
25	资源税	ZYS	Double	18	2		O	
26	矿业权出让收益	KYQCRSY	Double	18	2		O	
27	矿业权占用费(使用费)	KYQZYF	Double	18	2		O	
28	矿产资源补偿费	KCZYBCF	Double	18	2		O	
29	生产资产回报	SCZCHB	Double	18	2		O	
30	固定资产原值	GDZCYZ	Double	18	2		O	
31	固定资产净值	GDZCJZ	Double	18	2		O	
32	更新改造资金	GXGZZJ	Double	18	2		O	
33	无形资产初始入账额	WXZCCSRZE	Double	18	2		O	
34	无形资产摊销余额	WXZCTXYE	Double	18	2		O	
35	土地出让金初始入帐金额	TDCRJRCRZ	Double	18	2		O	
36	土地出让金摊销余额	TDCRJTXYE	Double	18	2		O	

续表3-2-13

序号	字段名称	字段代码	字段类型	字段长度	小数位数	值域	约束条件	备注
37	长期待摊费用初始入帐金额	CQDTFYCSRZ	Double	18	2		O	
38	长期待摊费用摊销余额	CQDTFYTXYE	Double	18	2		O	
39	其他资产初始入帐金额	QTZCCSRZJE	Double	18	2		O	
40	其他资产摊销余额	QTZCTX	Double	18	2		O	
41	流动资金	LDZJ	Double	18	2		O	
42	区域扩展代码	QYKZDM	Text	19			O	
43	备注	BZ	Text	254			O	

表注：

1. 资料收集时间范围：2016—2020 年。

2. 数据来源：财务部门根据财务报表及企业生产实际填列。

3 如填列项目不能分列矿种，则只需每年度填列一行，但需要备注说明。

4. 如历史数据的口径亦不一致时，则按最新要求归集，确保不缺项、不漏项。

5. 按年度实际销售的计价产品的数量填列；共伴生组按分产方案填列；一个矿种对应多个产品方案时需分行填列。

6. 各项成本、费用、税金等应扣除资源税和矿业权出让收益(价款)、占用费(使用费)、矿产资源补偿费和其他国家权益款项年度摊销。

7. 经营成本为总成本费用扣除折旧费、摊销费、维简费和财务费用。

8. 总成本费用构成生产成本(制造成本、制造费用)与期间费用(管理费用、营业费用、财务费用)，但不包括支付给上级企业的管理费用。

9. 开采专项补贴包括矿山企业享有的资源类奖励资金、增值税先征后返、价格补贴等；投资总额为矿产开采的必需生产性投资。

(三)清查价格测算

1.净现值法测算清查价格

首先估算标准矿山未来一定时期预计可获得的资源租金，然后将资源租金折现至基准时点，再测算资产价值。

适用条件：矿山生产企业具有完整的生产经营数据和基础资料。

(1)标准矿山的资源租金

资源租金=营业收入-营业成本-营业费用-管理费用-税金及附加-开采专项

补贴+矿业权出让收益（价款）摊销+矿业权占用费（使用费）+矿产资源补偿费+资源税-生产资产回报

式中：

①营业收入=标准矿山产品年产量×标准矿山销售价格（不含税）。

标准矿山产品年产量数据为集中区内各矿山企业数据的平均值，标准矿山销售价格（不含税）为集中区内各矿山企业数据的平均值，来源于企业主营业务收入明细表。

②营业成本+管理费用+营业费用=总成本费用-财务费用。

总成本费用指矿产资源生产销售过程中必须发生的成本费用，为集中区内各矿山企业数据的平均值，包括生产成本（制造成本、制造费用）、期间费用（管理费用、营业费用、财务费用）。数据来源于矿山企业的财务会计报表、主营业务收支明细表、主营业务成本明细表、销售费用明细表、固定资产折旧明细表、无形资产摊销明细表、管理费用明细表、财务费用明细表等会计报表。总成本费用包含矿业权占用费（使用费）、矿产资源补偿费。

③税金及附加：集中区内各矿山企业数据的平均值，数据来源于矿山企业税金及附加明细表。

④开采专项补贴：集中区内各矿山企业数据的平均值，包括矿山企业享有的资源类奖励资金、增值税先征后返、价格补贴等，数据来源于企业现金流量表。

⑤生产资产回报：集中区内各矿山企业数据的平均值。

生产资产回报=（固定资产投资+土地出让金）×投资回报率

式中：

A. 固定资产投资从项目可研报告中获取。

B. 投资回报率=无风险报酬率+风险报酬率，投资回报率取值为6.67%，其中包括无风险报酬率和风险报酬率，无风险报酬率一般采用当期国债利率，为3.92%；风险报酬率采用"风险累加法"估算，以"风险累加法"将风险报酬率累计，计算公式为：

风险报酬率=行业风险报酬率（1.50%）+财务经营风险报酬率（1.25%）

其中，行业风险是由行业的市场特点、投资特点、开发特点等因素造成的不确定性带来的风险；财务经营风险包括产生于企业外部而影响财务状况的财务风险和产生于企业内部的经营风险两个方面。财务风险是企业资金融通、流动以及收益分配方面的风险，包括利息风险、汇率风险、购买力风险和税率风险；经营风险是企业内部风险，是企业在经营过程中，市场需求、要素供给、综合开发、企业管理等方面的不确定性所造成的风险。

根据《矿业权评估参数确定指导意见》建议，填写"风险报酬率取值属性结构描述表"（见表3-2-14）。

表3-2-14 风险报酬率取值属性结构描述表

序号	字段名称	字段代码	字段类型	字段长度	小数位数	值域	约束条件	备注
1	资产清查标识码	ZCQCBSM	Text	22			M	
2	矿产代码	KCDM	Text	10			M	
3	矿产名称	KCMC	Text	30			M	
4	行业风险取值	HYFXQZ	Double	15	2		O	1.00%~2.00%
5	财务经营风险取值	CWJYFXQZ	Double	15	2		O	1.00%~1.50%
6	备注	BZ	Text	254			O	

（2）标准矿山资产价值

在搜集整理的2016—2020年矿山企业生产经营数据的基础上，根据不同矿种，选择采用净现值法对各矿种的标准矿山价值进行模拟测算，确定剩余可采储量经济价值。

①测算方法。

公式：

$$V_{t1} = \sum_{t=1}^{N_t} \frac{RR_{t+\tau}}{(1+i)^t}$$

$$V_{t2} = \sum_{t=1}^{N_t} \frac{RR_{t+\tau} - RT}{(1+i)^t}$$

式中：V_{t1} 为基准时点的标准矿山资产价值（含资源税）；V_{t2} 为基准时点的标准矿山资产价值（不含资源税）；N_t 为 t 年期末起的标准矿山服务年限，为矿产资源集中区所选矿山剩余可采资源储量除以年采出量的商（资料来源于矿山生产报表）；$(1+i)^t$ 为 t 年折现率，参考截至基准时点前5年国债平均收益率确定；$RR_{t+\tau}(\tau = 1, 2, \cdots, N_t)$ 为标准矿山第 τ 年资源租金；RT 为资源税。

②主要测算参数。

基准日：2020 年 12 月 31 日。

生产能力：所收集的矿山的年设计生产规模的算术平均值。

矿产品价格：根据矿种，测算各类型矿山近 5 年的销售价格（不含税）的算术平均值，所得算术平均值即为矿产品的价格。

折现率：参考国家级矿产资源清查测算标准，取 3.24%。

矿山服务年限：矿山剩余可采储量（探明、控制、推断）除以矿山的年设计生产规模。

生产资产回报率：参考国家级矿产资源清查测算标准，取 6.67%。

产品方案：主要为各矿山每年销售的矿产品。

剩余可采储量测算：采用各矿山 2020 年的剩余可采储量算术平均值，以矿山 2020 年的储量年报为准。

（3）标准矿山资产价格测算

集中区内所选矿山剩余可采储量（截至清查基准时点）的平均值为标准矿山的剩余可采储量，将标准矿山的矿产资源资产价值除以标准矿山剩余可采储量，得出各类型各集中区标准矿山清查价格。

标准矿山资产清查单价计算公式：

$$P_s = \frac{v_{t2}}{S_t}$$

式中：P_s 为 t 年期末标准矿山资产清查价格；v_{t2} 为 t 年期末即基准时点的标准矿山资产价值（不含资源税）；S_t 为标准矿山剩余可采储量。

（4）矿产资产价格测算

标准矿山资产清查价格的算术平均值为该矿种各类型矿产资源清查价格标准。

①单一矿种。

计算公式：

$$\overline{P}_t = \frac{\sum_{i=1}^{n} P_{s_i}}{n}$$

式中：$\overline{P}_t$ 为单矿种分类型清查价格；P_{s_i} 为第 i 个标准矿山资产清查价格；n 为选定的集中区数量。

②共伴生矿。

销售比例法：对于共伴生矿床类型，各矿种的清查价格按共伴生组分占矿产品销售比例计算。

计算公式：

$$\overline{P}_t = \sum_{i=1}^{n} P_{s_i}\left(\frac{Q_t}{Q_a}\right) / n$$

式中：$\overline{P}_t$ 为单矿种分类型清查价格；P_{s_i} 为第 i 个标准矿山资产清查价格；Q_t 为单矿种销售额；Q_a 为所有矿种销售额；n 为选定的集中区数量。

（5）基础数据使用说明

价格体系建设所采用的基础数据主要来自生产矿山的储量年报、储量核实报告、外业调查数据、矿产资源储量数据库、矿业权统一配号系统、矿山开发利用数据库管理系统、其他资料（矿山开发利用方案、可行性研究报告、采选生产报表、会计财务报表等）。

①数据选择依据。

从矿产资源储量数据库、矿业权统一配号系统、矿山开发利用数据库管理系统筛选出生产矿山，通过外业调查对清理出的生产矿山进行核实，并收集生产矿山的储量年报、储量核实报告、矿山开发利用方案、可行性研究报告、采选生产报表、会计财务报表等。通过整理分析选取 2016—2020 年有三年及以上正常生产的矿山数据作为价格体系建设的基础数据。

②优先顺序。

优先选用矿山企业储量年报、储量核实报告、采选生产报表、会计财务报表、外业调查数据等数据，通过矿产资源储量数据库、矿业权统一配号系统、矿山开发利用数据库管理系统、矿山开发利用方案、可行性研究报告对缺少的数据进行补充。

2. 系数调整法确定清查价格

对于因缺少生产矿山或生产矿种样本不充分的矿种，采用地区调整系数法确定与本省实际相匹配的价格水平。

（1）清查价格调整基准遵循原则

主导因素原则：主导因素是对矿产资源价格有重大影响的因素，对矿产资源资产清查价格起着决定性的作用。

区域差异原则：各个调整因子指标值在不同区域具有明显的差异，才能充分显示土地质量差异。

独立性原则：各调整因子之间不存在相关性，不会因某个因素指标的变动而影响另一个因素指标。

可行性原则：各调整因子的选取要与当地现有的资料和技术水平相协调，各调整因子的评价数据可从现有资料或必要野外补测中获取。

（2）清查价格调整的具体方法

①测算方法。

依据国家级清查价格乘以地区调整系数得出下一级行政区的清查价格。

计算公式：

$$P_{ss} = \overline{P}_t \times K$$

式中：P_{ss} 为下一级行政区域清查价格；$\overline{P}_t$ 为单矿种分类型清查价格；K 为地区调整系数。

②确定地区调整系数。

综合考虑资源禀赋、外部建设条件等因素确定地区调整系数。结合湖南省实际，通过对矿产资源相关专家进行咨询，最终确定湖南省矿产资源资产清查价格调整系数，选取路网密度、人均 GDP、平均海拔、保有资源量规模、品位等 5 个调整因子。

计算公式：

$$K = k_1\omega_1 + k_2\omega_2 + \cdots + k_i\omega_i$$

式中：K 为地区调整系数；k_i 为第 i 个调整因子取值；ω_i 为第 i 个调整因子权重。

（四）清查价格验证方法

清查价格验证采用折现现金流量法进行验证。

其中标准矿山资产验证价值计算公式：

$$V_{t2} = \sum_{t=1}^{n} (CI - CO)_t \cdot \frac{1}{(1+i)^t}$$

式中：V_{t2} 为 t 年期末标准矿山资产价值；CI 为标准矿山年现金流入量；CO 为标准矿山年现金流出量；$(CI-CO)_t$ 为标准矿山年净现金流量；i 为折现率，按《矿业权评估指南》取 8%；t 为年序号（$t=1, 2, \cdots, n$）；n 为标准矿山服务年限。

根据价格体系建设成果填写"矿产资源资产清查价格标准属性结构描述表"

（见表3-2-15）和"地区调整系数属性结构描述表"（见表3-2-16）。

表 3-2-15　矿产资源资产清查价格标准属性结构描述表

序号	字段名称	字段代码	字段类型	字段长度	小数位数	值域	约束条件	备注
1	资产清查标识码	ZCQCBSM	Text	22			M	
2	行政区名称	XZQMC	Text	100			M	
2	行政区代码	XZQDM	Text	19			M	
3	序号	XH	Text	9			M	
4	主矿种	ZKZ	Text	64			M	
5	矿产代码	KCDM	Text	10			M	
6	矿产名称	KCMC	Text	30			M	
7	分类（品级）	FL	Text	10			O	
8	计价单位	JJDW	Text	10			M	
9	清查价格	QCJG	Double	15	2		M	单位：元
10	区域扩展代码	QYKZDM	Text	19			O	

表 3-2-16　地区调整系数属性结构描述表

序号	字段名称	字段代码	字段类型	字段长度	小数位数	值域	约束条件	备注
1	资产清查标识码	ZCQCBSM	Text	22			M	
2	序号	XH	Text	9			M	
3	地区编号	DQBH	Text	9			M	
4	地区名称	DQMC	Text	254			M	
5	矿产代码	KCDM	Text	10			M	
6	矿产名称	KCMC	Text	30			M	
7	调整系数	TZXS	Double	10	2		M	
8	备注	BZ	Text	254			O	

四、经济价值估算

将各矿种各类型矿产资源清查价格标准与相应的实物量相乘，得出该矿种各类型矿产资源资产清查经济价值，合计得出该矿种资产清查经济价值。

（一）价值属性映射

根据矿产资源价格体系建设成果，将矿产资源资产价值属性信息按照空间、矿种、矿石类型、矿石品级（品位）、地区调整系数、伴生矿调整系数等属性对应性挂接到相应的空间要素图层中。

（二）价值估算

1.固体矿产资源资产

固体矿产资源资产价值估算公式：

$$V_1 = Q_1 \times P_1 \times A_1$$

式中：V_1 为资产价值；Q_1 为固体矿产主、共生矿种储量；P_1 为固体矿产资产价格；A_1 为地区调整系数（如无地区调整系数，则取值为1）。

2.地热、矿泉水资源资产

地热、矿泉水资源资产价值估算公式：

$$V_2 = Q_2 \times P_2 \times A_2 \times T$$

式中：V_2 为资产价值；Q_2 为允许开采量（热能/电能）；P_2 为地热、矿泉水资源资产价格；A_2 为地区调整系数（如无地区调整系数，则取值为1）；T 为已取得采矿许可证的出让年限，尚未取得采矿许可证的出让年限统一为10年。

（三）价值汇总

矿产资源资产清查经济价值汇总公式：

$$V_a = \sum_{i=1}^{n} V_i$$

式中：V_a 为所有矿产资源资产清查价值（不含资源税）；n 为估算涉及的矿产；V_i 为第 i 种矿产的经济价值。

根据经济价值估算成果填写"矿产资源资产经济价值估算情况属性结构描述表"（见表3-2-17）。

表 3-2-17 矿产资源资产经济价值估算情况属性结构描述表

序号	字段名称	字段代码	字段类型	字段长度	小数位数	值域	约束条件	备注
1	资产清查标识码	ZCQCBSM	Text	22		本表注4	M	
2	要素代码	YSDM	Text	10			M	
3	行政区名称	XZQMC	Text	100		本表注9	M	—
4	行政区代码	XZQDM	Text	19		本表注9	M	
5	矿区编号	KQBH	Text	23		本表注2	M	
6	矿区(矿产地)名称	KQMC	Text	50		本表注3	M	
7	实物量	SWL	Double	15	2	本表注5	M	
8	矿产代码	KCDM	Text	10			M	
9	矿产名称	KCMC	Text	254			M	
10	计量单位	JLDW	Text	10		本表注6	M	
11	清查价格	QCJG	Double	15	2	本表注7	M	
12	经济价值	JJJZ	Double	15	6	本表注8	M	
13	区域扩展代码	QYKZDM	Text	19		本表注10	O	
14	备注	BZ	Text	254			O	

表注:

注1:本表中数据来源于根据清查获得的实物量和收集的资产价值属性,采用矿产资源资产经济价值估算方法,计算出的经济价值。

注2:"矿区编号"栏,按清查矿区编号填写。

注3:"矿区(矿产地)名称"栏,按矿区(矿产地)名称填写。

注4:"资产清查标识码"栏,按照清查数据成果汇交规范清查标识码编制规则编制。

注5:"实物量"栏,按矿产资源资产清查工作得出结果填写,其中油气矿产为剩余探明经济可采储量,固体矿产为储量,地热、矿泉水资源为资源动用量的数量。

注6:"计量单位"栏,按实际情况填写。

注7:"清查价格"栏,按照选取方法计算得出,计量单位:元。

注8:"经济价值"栏,填写矿产资源资产经济价值估算值,计量单位:万元。

注9:"行政区名称""行政区代码"栏,按实际清查情况填写。

注10:区域扩展代码填写新疆生产建设兵团、高新区等不在2020年底民政部发布的行政区划代码范围内的代码。

第三节　第二批试点工作概况

一、工作开展情况

（一）工作组织

1.组织模式

此次采用省级统筹实施、市县及矿山企业配合的工作机制，由湖南省自然资源厅会同省直相关单位统一组织，湖南省地质调查所为具体实施单位，市县有关部门和矿山企业协助实施单位开展资产清查试点工作。

湖南省地质调查所抽调技术专家组建清查专家组，具体负责解决工作中出现的问题、指导方案编写和可行性论证，以及项目实施过程中的协调和技术把关等工作。

清查项目组配备相关内业工作技术组、外业调查组、质量控制组、后勤组等。负责开展矿产资源资产资料收集、实物量清查、价格体系建设价值量估算及数据集建设等具体工作，拟定数据处理方案及操作细则，协同开展矿产资源资产清查试点工作。

2.方案制定

为指导技术单位开展工作，湖南省自然资源厅在自然资源部《全民所有自然资源资产清查试点技术指南》(征求意见稿)的基础上，结合实际，制定了《湖南省全民所有自然资源资产清查试点实施方案》以及包含矿产资源在内的《湖南省全民所有自然资源资产清查第二批试点总体技术方案》，作为此次清查试点工作的依据和技术指南。

3.技术培训与指导

选派专人参与自然资源部相关单位清查工作技术研讨，学习领悟清查技术指南，提出具体意见建议，使本地实际与顶层设计很好地结合起来，为顺利推进试点打下了良好基础。指定专人负责，全程进行作业指导，在资料收集、数据确认、成果叠加、价值估算、分析汇总、质量核查中严把技术关，确保及时发现问题、反馈问题、解决问题。

(二) 工作实施情况

试点工作时间为 2021 年 3 月至 2022 年 10 月,完成了项目的前期准备、基础资料收集整理、实物量信息清查、省级清查价格体系建设、经济价值估算、数据集建设等有关工作,取得常德市矿产资源实物量成果和经济价值估算成果、湖南省矿产资源价格体系成果。具体包括以下几个工作阶段:

1. 前期准备工作

2021 年 3—4 月,由湖南省自然资源厅权益处牵头建立工作推进小组,组织召开工作会议和研讨会,确定以湖南省地质调查所为牵头单位,组建湖南省矿产资源资产清查试点工作小组,确定矿产资源资产清查第二批试点工作具体由湖南省地质调查所承担。在《关于开展全民所有自然资源资产清查第二批试点工作的通知》(自然资办函〔2021〕291 号)和《全民所有自然资源资产清查技术指南(试行稿)》的基础之上,制定了《湖南省全民所有自然资源资产清查试点实施方案》。

2. 技术方案编制与资料收集

2021 年 5—8 月,按照自然资源部《全民所有自然资源资产清查技术指南》要求,针对矿产资源,研究确定资料收集清单及包含矿产资源在内的《湖南省全民所有自然资源资产清查第二批试点总体技术方案》。根据资料收集清单开展基础资料及国家级矿产资源价格信号采集工作,对收集的资料进行规范化、电子化整理。

3. 实物量信息清查

2021 年 9 月—2022 年 3 月,通过分析整理实物属性信息基础数据资料,对数据进行信息提取与清洗工作。开展试点地区内省级负责矿业权出让、登记的 22 个矿种和湖南省 8 个优势矿种的实物量信息清查工作。对于必要信息不全、关键数据缺失的情况,制定外业调查方案,开展外业补充调查和资料补充收集。

4. 资产清查价格体系建设

2022 年 4—7 月,开展湖南省 8 个优势矿种矿产资源价格信号采集工作;在国家级矿产资源资产清查价格体系的基础上,通过净现值法和系数调整法修正测算各矿种的省级价格;在湖南省省级矿产资源资产清查价格的基础上修正测算各矿种的地市级价格;形成覆盖全省及各地市的矿产资源清查价格体系。

5.经济价值估算

2022年8月，基于矿产资源实物属性和价值属性，对实物数量与清查价格进行空间和矿种匹配后，对常德市矿产资源资产经济价值进行估算。

6.资产清查成果汇总核查

2022年9月，将初步清查成果进行汇总，填报数据报表，建立数据集，根据自然资源部下发的质检软件进行自动检查和人工排查，对存在质疑的图斑、样点数据等进行外业实地抽查等。

7.资产清查成果分析应用

2022年10月，将初步成果按自然资源部反馈意见进行多轮次修改，经核查验收后，编制技术报告、数据报表、数据集等成果，开展自然资源资产清查数据成果应用分析，为各项自然资源业务管理和领导决策服务提供数据和技术支撑。

二、保障措施

（一）组织保障

湖南省自然资源厅清查试点工作领导小组组长由厅长担任，副组长由分管副厅长担任，领导小组成员由省自然资源厅相关处室局、相关单位的主要负责同志担任。清查试点工作领导小组下设办公室，作为清查试点工作组织协调机构，办公室设在厅权益处，成员由相关技术单位的负责同志组成。市、县自然资源主管部门，参照省厅的做法成立相应的清查试点工作领导小组，加强对本地区清查试点工作的统筹领导。

（二）技术保障

省级层面建立清查试点专家咨询机制，组建由湖南省地质调查所作为技术牵头单位、湖南省自然资源事务中心等7家单位共同承担的技术团队，组织开展业务技术培训，明确工作规范和技术要求，编制试点实施方案，开展试点地区全民所有自然资源资产清查工作。对清查试点各阶段成果进行论证，提高清查核算的科学性、合理性。

(三)质量保障

1. 建立清查内部质量控制机制

各技术承担单位应建立完善内部质量控制制度,组建数据质检组专门负责清查成果的检查及核查,并按照工作流程和技术路线制定详细的质检方案,要求将清查工作分为不同阶段,每一阶段的成果经过检查合格后方转入下一阶段,避免将错误带入下阶段工作,保证成果质量。

2. 建立清查成果分级核查制度

为了保证湖南省全民所有自然资源资产清查结果的真实性和准确性,采取自检、预检、复检的质量分级控制制度。

自检是清查工作过程质量检查,预检是清查成果生成后的质量检查,自检、预检由清查项目承接单位组织,负责单位内部清查成果质量检查,检查合格后汇总上报省级自然资源主管部门,由省级自然资源主管部门组织专家验收。

省级复检由省级自然资源主管部门组织,负责本省各地市级单位清查成果质量检查,编制省级质量检查报告,并对试点情况进行总结,形成试点成果并上报自然资源部。

(四)安全保障

严格执行有关保密规定,对从事项目工作所获得的资料及成果进行严格保密,建立健全的数据、成果安全保密制度,确保项目原始数据和成果数据存储及访问的安全性。未经项目组织方同意,不以任何方式、理由向第三者披露或提供信息,也不用于其他任何目的,相关成果仅用于资产清查工作。

(五)经费保障

此次试点工作为省本级工作,根据《自然资源领域中央与地方财政事权与支出责任划分改革方案》要求,湖南省自然资源厅已将资产清查试点工作经费列入地方财政预算,确保了试点工作顺利开展。

三、工作完成情况

本次试点工作严格按照《技术指南 2022》《湖南省全民所有自然资源资产清查

第二批试点实施方案》和《湖南省全民所有自然资源资产清查第二批试点技术方案》要求，完成了国家级矿产资源价格信号采集工作，收集了湖南省矿产资源资产清查涉及的基础数据，完成了湖南省常德市矿产资源资产清查实物量信息清查和补充调查，建立了湖南省省级价格体系，估算了湖南省常德市矿产资源资产经济价值，开展了成果数据核查，建立了湖南省矿产资源资产清查数据集，编制了湖南省矿产资源资产清查第二批试点总结报告。

矿产资源资产清查第二批试点工作量完成情况详见表3-3-1。

表3-3-1　矿产资源资产清查第二批试点工作量完成情况表

序号	项目	单位	完成工作量
1	国家级价格信号采集	区	8
2	基础数据收集	县	9
3	实物量清查	矿区	60
4	省级价格体系建设		
（1）	划分生产集中区	矿种	8
（2）	矿产资源清查价格基础数据、资料补充收集	矿种	8
（3）	矿产资源清查价格数据整理与价格测算	矿种	12
（4）	国家级清查价格细化	矿种	18
（5）	矿产资源清查价格统筹平衡	矿种	32
（6）	矿产资源清查价格数据集建设	矿种	32
5	外业补充调查	矿区	60
6	经济价值估算	矿区	60
7	成果数据核查	矿区	60
8	数据集建设	个	1
9	清查工作报告编制	份	1

四、成果质量控制

为了保证湖南省全民所有自然资源资产清查结果的真实性和准确性，实行清查成果质量分级控制制度，采取自检、预检、复检和国家级核查的质量分级控制制度。自检是清查工作过程质量检查，预检是清查成果生成后的质量检查，自检、预检由清查项目承接单位组织，负责单位内部清查成果质量检查。省级复检由省级自然资源主管部门组织，负责本省各地市级单位清查成果质量检查，编制省级质量检查报告。国家级自然资源主管部门负责核查验收。

矿产资源资产清查试点项目组针对本次清查工作，根据矿产资源储量数据库、矿业权统一配号系统数据情况，主要对矿产资源范围坐标、储量估算范围坐标、矿业权所在矿区等信息进行了补充。根据省级和国家级核查结果，对数据进行了完善修改。

省级矿产资源资产清查试点技术小组对报送国家的实物量清查成果，依据《全民所有矿产资源资产清查数据成果汇交规范》的内容要求，采用人机交互方式，对清查实物量成果进行分类内业检查。根据国家级核查结果，组织技术单位进行完善修改，并再次对成果进行核查。

根据国家基础地理信息中心 2022 年 4 月 22 日下发的《实物量信息国家级核查意见反馈》、中国国土资源经济研究院 2022 年 8 月下发的《湖南省矿产资源资产清查试点地区实物量属性核查意见》《湖南省矿产资源资产清查试点经济估算核查结果》，湖南省自然资源厅权益处组织相关技术单位对反馈的问题开展了讨论研究，认真分析了各项问题，全面总结了湖南省实物量数据修改的重点、疑点、难点，详细制定了修改计划和修改方案，以确保高质量完成湖南省全民所有自然资源资产清查第二批试点工作。

2022 年 5—8 月，湖南省地质调查所根据有关湖南省矿产资源资产清查试点地区实物量属性的问题，逐项进行修改，并举一反三，确保所有问题修改到位，并向中国国土资源经济研究院提交了《湖南省矿产资源实物量核查意见修改说明》《湖南省矿产资源资产清查试点经济估算核查结果修改说明》。

第四节　第二批试点成果说明

一、价格体系建设

(一) 生产集中区划分

1.国家级生产集中区划分

根据国家级生产集中区划分结果，湖南省涉及磷矿、锰矿、铅锌矿、锑矿、钨矿、锡矿、晶质石墨矿、金刚石矿等8种矿产资源的生产集中区，分别是湘西磷矿生产集中区、湘西南锰矿生产集中区、南岭铅锌矿生产集中区、湘中锑矿生产集中区、湘南钨矿生产集中区、粤湘赣南锡矿生产集中区、湖南晶质石墨矿生产集中区、湖南金刚石矿生产集中区(见表3-4-1)。

表3-4-1　国家层面矿产资源生产集中区(湖南省)

矿种	矿床类型	分布区域	典型矿床
锰		湘西南地区	永州、零陵等；三和锰业公司
钨	石英脉型、夕卡岩型	湘南	瑶岗仙、柿竹园
锡	硫化物型、夕卡岩型和石英脉型	湘南	湖南桂阳大顺窿、临武香花岭
锑	层控型和石英脉型	湘中区	安化渣滓溪、桃江板溪、新化锡矿山、新邵龙山
铅锌	沉积变质型和热液型	湘南	湖南桃林和桂阳
磷	沉积磷块型岩	湘西生产集中区	石门东山峰、浏阳永和
金刚石	砂矿	湖南	麻阳武水
石墨	接触变质岩	湖南生产集中区	桂阳荷叶、郴州鲁塘

2. 省级生产集中区划分

湖南省石煤、普通萤石、玻璃用白云岩、重晶石、隐晶质石墨、石膏、岩盐、芒硝等8个优势矿种，按照生产矿山的矿床类型、矿物成分、产品用途等，划分为湘中—湘西北石煤生产集中区、湘南普通萤石生产集中区、湘北玻璃用白云岩生产集中区、湘中—湘西北重晶石生产集中区、郴州—娄底隐晶质石墨生产集中区、洞庭湖盆地石膏生产集中区、衡阳—常德岩盐生产集中区、衡阳—常德芒硝生产集中区(见表3-4-2)。

表3-4-2 湖南省8个优势矿种的矿产类型和主要生产集中区

矿种	矿床类型	生产集中区	典型矿床	备注
石煤	生物化学沉积型	湘中—湘西北	澧县甘溪、澧县申家村 邵阳短陂桥	已无生产矿山
普通萤石		湘南	宜章县界牌岭、岳阳桃林、衡南县双江口、醴陵市潘家冲、郴州香花岭、炎陵县石寮、炎陵县黄上、衡东县东岗山、平江县梅树湾、茶陵县塘前、汝城县大龙下矿、安化县司徒铺、邵东市石桥铺、衡阳县双溪、汝城县白云仙、资兴市西垒、柿竹园、黄沙坪、苏仙区横山岭、苏仙区玛瑙山	
玻璃用白云岩	化学沉积型	湘北	临湘市灌山	已无生产矿山
重晶石		湘中—湘西北	新晃侗族自治县贡溪、永定区湖田垭 衡阳宇通矿业	
隐晶质石墨	接触变质型	郴州—娄底	郴州市北湖区鲁塘、冷水江市寒婆坳、桂阳县荷叶、宜章县拖木坑	
石膏	湖相蒸发沉积型	洞庭湖盆地	衡南县咸塘、邵东市邵东、邵东市两市塘、澧县金罗、临澧县合口、石门县歇驾山、石门县上五通、平江县青山、浏阳市丰峪、攸县上云桥、衡山县白果	
岩盐	湖相蒸发沉积型	衡阳—常德	珠晖区茶山坳、澧县盐井、衡阳市桐山—松木塘	
芒硝	湖相蒸发沉积型	衡阳—常德	珠晖区茶山坳、澧县盐井、衡阳市桐山—松木塘	

(二) 价格信号采集

本次矿产资源资产清查价格体系建设的数据主要面向全省各生产集中区，收集 2016—2020 年有 3 年或 3 年以上正常生产的矿山企业，具体收集的矿种有磷、锰、锡、铜、铅、锌、银、钨、锑、萤石、芒硝、重晶石、岩盐、石膏、隐晶质石墨共 15 种，涉及生产矿山企业 60 家，收集的电子或纸质文档共 466 份。

将同一矿种不同矿山的数据进行处理，剔除经营财务数据明显异常的矿山或某一年经营财务数据明显异常的数据；按矿种将所有收集的矿山企业生产经营数据汇总，采用算术平均法得出相关参数的平均值，计算过程中剔除高度异常值（超过三倍标准差的值），采用最终保留的数据进行矿山价值测算。最终选用了钨、锑、铜、铅、锌、银、石膏、重晶石、隐晶质石墨、岩盐、芒硝、萤石共 12 种矿产，涉及生产矿山企业 40 家的数据进行清查价格测算。

具体采用的数据情况详见表 3-4-3。

表 3-4-3　数据采用情况表

矿种	矿山企业	数据采用年度/年	备注
钨	湖南新田岭钨业有限公司	2017—2020	
	柿竹园有色金属有限责任公司	2017—2020	
	湖南瑶岗仙矿业有限责任公司	2018—2019	
	湖南有色黄沙坪矿业有限公司	2020	
锑	冷水江市狮子山锑业有限公司	2019—2020	
	桃江久通锑业有限责任公司	2016—2020	
	新龙矿业	2016—2019	
	锡矿山闪星锑业有限责任公司	2017—2018	
铜	浏阳市七宝山铜锌矿业有限责任公司	2016—2020	
	湖南省七宝山硫铁矿有限公司	2016—2020	
	浏阳市鑫磊矿业开发有限公司	2016—2020	
铅	香花岭锡业有限责任公司	2016—2020	
	湖南宝山有色金属矿业有限责任公司	2016—2020	
	桂阳县柳塘岭铅锌矿	2017—2020	
	湖南有色黄沙坪矿业有限公司	2016—2020	
	岳阳市富安矿业有限公司	2017、2018、2020	

续表3-4-3

矿种	矿山企业	数据采用年度/年	备注
锌	香花岭锡业有限责任公司	2016—2020	
	湖南宝山有色金属矿业有限责任公司	2016—2020	
	桂阳县柳塘岭铅锌矿	2017—2020	
	湖南有色黄沙坪矿业有限公司	2016—2020	
	浏阳市七宝山铜锌矿有限责任公司	2016—2020	
	岳阳市富安矿业有限公司	2017—2020	
银	香花岭锡业有限责任公司	2016—2020	
	湖南宝山有色金属矿业有限责任公司	2016—2020	
	桂阳县柳塘岭铅锌矿	2017—2020	
	湖南有色黄沙坪矿业有限公司	2016—2020	
	岳阳市富安矿业有限公司	2017、2018、2020	
石膏	临澧县陈富矿业有限公司	2016—2020	
	澧县大众石膏有限公司	2016—2020	
	澧县金豆石膏矿业有限公司	2016—2020	
	澧县联丰矿业有限责任公司	2016—2020	
	澧县双庆矿业有限公司	2016—2020	
	澧县恒泰矿业有限责任公司	2017—2019	
重晶石	衡阳宇通矿业有限公司	2016—2019	
	石门宏祥矿业开发有限公司	2017—2020	
	怀化市港海矿业有限公司	2019—2020	
	太平重晶石	2020	
隐晶质石墨	南方石墨有限公司(六矿)	2017	
	南方石墨有限公司(彭家石墨)	2017—2018	
	冷水江市佳鑫石墨矿	2018—2020	
	冷水江市石巷里石墨矿	2019—2020	
岩盐	湖南省湘澧盐化有限责任公司	2016—2020	
	湖南省湘衡盐化有限责任公司	2016—2020	
芒硝	湖南省湘衡盐化有限责任公司	2016—2020	
	湖南新澧化工有限公司	2020	

续表3-4-3

矿种	矿山企业	数据采用年度/年	备注
萤石	醴陵市潘家冲萤石矿	2018—2020	
	湖南蓬源鸿达矿业有限公司	2016—2020	
	湖南旺华萤石矿业有限公司	2016—2020	
	柿竹园有色金属有限责任公司	2016—2020	
	岳阳市富安矿业有限公司	2017—2020	
	宜章弘源化工有限责任公司	2016—2020	
	郴州集龙矿业有限责任公司	2017、2019、2020	
	炎陵县黄上萤石矿	2016—2020	
	炎陵县紫鑫矿业有限公司	2016—2020	
	炎陵县兴丰矿业有限公司	2016—2020	

（三）省级清查价格

根据湖南省矿产资源价格信号采集成果，用净现值法测算了铜、铅、锌、银、钨、锑、萤石、芒硝、重晶石、岩盐、石膏、隐晶质石墨等 12 种矿产的省级价格。省级区域内煤、铁、锰、金、铂、铝、镍、锡、钴、钼、锂、铌、钽、硫、磷、金刚石、矿泉水、地热等 18 种矿产无样本或样本不足以支撑测算，采取系数调整法细化国家级矿产资源资产清查价格体系。金刚石矿因无国家级清查价格，本次工作虽制定了其地区调整系数，但无省级清查价格。

（四）地市级调整系数

湖南省地市级矿产资源资产清查价格是在省级矿产资源资产清查价格的基础上，通过系数调整法修正测算形成的价格。地市级调整系数涉及矿种包括铜、铅、锌、银、钨、锑、萤石、芒硝、重晶石、岩盐、石膏、隐晶质石墨、煤、铁、锰、金、铂、铝、镍、锡、钴、钼、锂、铌、钽、硫、金刚石、磷、矿泉水、地热、石煤、玻璃用白云岩等 32 个矿种。《湖南省矿产资源储量数据库》中无以上矿种的地市不再设置该矿种的地市级调整系数。

参照《全民所有自然资源资产清查技术指南（试行稿）》推荐的调整因子系数取值参照表，根据湖南省实际，湖南省矿产资源资产清查价格地市级调整系数主要由路网密度、人均 GDP、平均海拔、保有资源量、品位等 5 个调整因子构成。

通过特尔菲法确定各调整因子的权重，再根据湖南省各地市矿产资源外部建设条件和资源禀赋条件确定各因子的分级和取值，从而测算出湖南省矿产资源资产清查价格地市级调整系数。

本次湖南省矿产资源资产清查价格体系成果还需经过国家综合平衡后才能最终确定，且成果仅用于湖南省矿产资源资产清查和湖南省矿产资源资产平衡表编制。

二、实物量清查

(一)矿产资源储量汇总

根据 2020 年度矿产资源储量数据库成果，在省级负责出让、登记的 22 个矿种和省内 8 个优势矿种中，常德市共涉及煤、金、铁、铅、锌、硫、磷、金刚石、石煤、重晶石、石膏、岩盐、芒硝等 13 个矿种，共计 60 个矿区，170 个矿山，分布于鼎城区、澧县、临澧县、桃源县、石门县等 5 个县区。

常德市矿产资源资产实物量详见表 3-4-4。

表 3-4-4　常德市矿产资源资产实物量一览表

矿种	矿区数/个	矿山数/个	保有资源储量	
			计量单位	保有储量
煤	20	29	千吨	6002.79
金	7	9	金千克	1649.19
铁	5	12	矿石千吨	4989.80
铅	1	0	铅吨	0.00
锌	1	0	锌吨	0.00
磷	6	8	矿石千吨	73.00
硫	1	0	矿石千吨	57.50
金刚石	2	0	金刚石克	0.00
石煤	9	69	矿石千吨	178411.32
重晶石	1	2	矿石千吨	85.22
石膏	7	40	矿石千吨	78455.85

续表3-4-4

矿种	矿区数/个	矿山数/个	保有资源储量	
			计量单位	保有储量
岩盐	2	2	NaCl 千吨	30588.00
芒硝	3	2	Na_2SO_4 千吨	48551.00

(二)矿业权市场出让情况

湖南省矿产资源资产实物量清查第二批试点规定清查的 30 种矿产，截至 2020 年 12 月 31 日的探矿权和采矿权的出让情况，常德市共涉及 11 个矿种，分别为煤、金、铁、铜、磷、地热、石煤、重晶石、石膏、岩盐、芒硝，均为省级发证矿种。共清查矿业权 96 个，主要分布于鼎城区、汉寿县、澧县、临澧县、桃源县、石门县等 6 个区县。常德市矿业权设置分布情况详见表3-4-5。

表 3-4-5　常德市矿业权设置分布情况表　　单位：个

矿种	设置情况		未有偿处置矿业权		
	探矿权	采矿权	探矿权	采矿权	小计
煤	1	1	1	0	1
金	10	9	7	0	7
铁		12	0	0	0
铜	2		0	0	0
磷		6	0	0	0
地热	1		1	0	1
石煤	1		1	0	1
重晶石		3	0	0	0
石膏	3	43	1	0	1
岩盐	1	1	1	0	1
芒硝	1	1	1	0	1
总计	20	76	13	0	13

三、经济价值估算

经估算,湖南省常德市各类矿产资源资产中经济价值百分比由高到低依次为:芒硝(46.53%)、石膏(29.31%)、盐矿(14.77%)、煤炭(6.25%)、铁矿(2.12%)、金矿(0.91%)、重晶石(0.06%)、磷矿(0.03%)、硫铁矿(0.02%),石煤因无清查价格,所以未计算其经济价值。

从以上数据可以分析出,常德市矿产资源资产以非金属矿产为主,能源矿产和金属矿产较少。市域内非金属矿产种类较多,其中芒硝、石膏、盐矿经济价值占比较大,尤其是芒硝,其经济价值占比高达46.53%,是常德市优势矿产资源资产。市域内能源矿产主要为石煤和煤炭,其中石煤虽然未估算其经济价值,但储量巨大,经济价值潜力不容忽视。

常德市各矿产资源经济价值估算结果见图3-4-1。

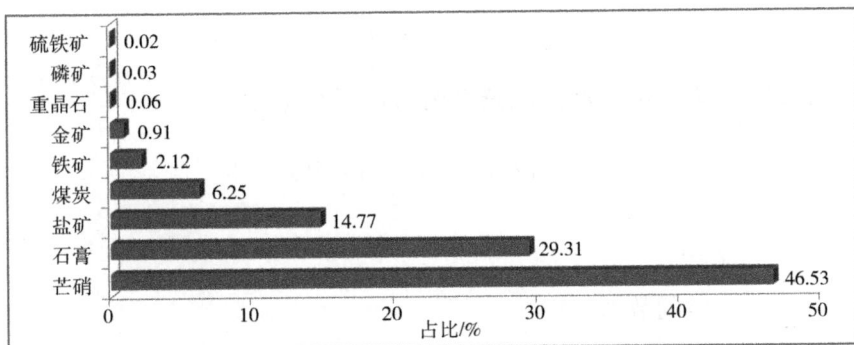

图3-4-1　常德市矿产资源资产经济价值估算结果

四、数据集建设

按照《全民所有自然资源清查数据规范(征求意见稿)》《清查技术指南2022》要求,建立湖南省矿产资源资产清查数据集。

(一)湖南省矿产资源资产清查价格信号采集数据集

湖南省(430000)全民所有自然资源资产清查价格信号采集数据成果

```
|              |-矿产
|                |-空间数据
|                |-非空间数据
|                   |(430000)矿产价格信号采集表.DB
|                |-文档数据
|                |-表格数据
|                |-图片数据
```

（二）湖南省矿产资源资产清查价格体系成果数据集

湖南省（430000）价格体系成果
```
|              |-矿产
|                |-空间数据
|                |-非空间数据
|                   |(430000)矿产价格体系成果表.DB
```

（三）湖南省常德市矿产资源资产清查成果数据集

湖南省（430000）全民所有自然资源资产清查数据成果
```
|        |-清查数据集
|          |-矿产
|            |-空间数据
|              |(430000)GTKCZYZC1.SHP
|              |(430000)GTKCZYZCP1.SHP
|              |(430000)GTKCZYZC2.SHP
|              |(430000)GTKCZYZCP2.SHP
|              |(430000)TKQCKQCR.SHP
|              |(430000)YFFW.SHP
|              |(430000)KCZYZC.SHP
|              |(430000)KCZYZCP.SHP
|            |-非空间数据
|              |(430000)矿产资源资产清查.DB
|      |-汇总表格
```

```
|        |–矿产
|        |（430000）矿产资源资产清查经济价值估算汇总表.XLS
|        |（430000）查明固体矿产资源资产清查汇总表.XLS
|        |（430000）矿业权设置情况汇总表.XLS
```

五、成果分析应用

（一）建立健全全民所有自然资源资产清查制度

矿产资源资产清查是摸清矿产资源资产家底的重要途径，利用各类专项清查成果资料，清查与完善矿产资源的数量、质量、价格、分布、用途、矿业权、收益等要素，确保实物量成果的科学性、合理性和真实性，构建矿产资源资产清查价格标准体系，开展经济价值估算及成果分析应用，建立矿产资源资产清查数据集，不断健全全民所有自然资源资产清查技术标准体系，形成可借鉴、可复制、可推广的技术路线和工作方法，为全面开展全民所有自然资源资产清查工作奠定基础。

（二）提供平衡表编制和国资报告所需清查数据

利用调查监测、确权登记、资产清查、统计核算等成果，形成各有侧重、相互关联、相互支撑的全民所有自然资源资产平衡表体系，以全面反映全民所有自然资源资产家底状况，同时为各级政府按要求向本级人大常委会报告国有自然资源资产情况提供清查数据。

第五节　第二批试点工作总结

一、工作成果

（一）初步摸清常德市矿产资源家底

完成 2020 年度常德市矿产资源资产清查试点工作。共清查矿区 60 个，未利用、占用或残留的矿产资源储量 228 处，采矿权 76 个，探矿权 20 个，涉及煤、金、铁、铜、铅、锌、磷、硫、金刚石、地热、石煤、重晶石、石膏、岩盐、芒硝等 15 个矿种。经估算湖南省常德市矿产资源经济价值，基本摸清常德市矿产资源实物量家底。

（二）建立了矿产资源省级价格体系

收集的矿产资源资产价格信号成果覆盖 8 个国家生产集中区和 8 个省级生产集中区，具体收集的矿种有磷、锰、锡、铜、铅、锌、银、钨、锑、萤石、芒硝、重晶石、岩盐、石膏、隐晶质石墨共 15 种，涉及生产矿山企业 60 家，收集的电子或纸介质文档 466 份，为矿产资源资产清查价格测算提供了数据基础。

初步完成湖南省煤、铁、锰、铜、铅、锌、钨、锡、钼、锑、镍、钴、铂、金、银、锂、铝土矿、铌、钽、磷、金刚石、硫铁矿、地热、矿泉水、石煤、芒硝、普通萤石、石膏、隐晶质石墨、玻璃用白云岩、盐矿、重晶石等 32 个矿种省级矿产资源资产清查价格体系建设，为全省矿产资源资产清查价值估算奠定了基础。

（三）构建了矿产资源清查数据集

完成了湖南省矿产资源清查数据集建设，构建了湖南省矿产资源资产清查价格信号采集数据集、湖南省矿产资源资产清查价格体系成果数据集、湖南省常德市矿产资源资产清查成果数据集。把所取得的数据转化为有合理数据组织结构的数字信息，为今后开展矿产资源资产研究提供了重要的使用价值，同时为矿产资源资产信息化管理奠定了良好的基础。

（四）开展了清查应用研究

通过湖南省矿产资源清查第二批试点，系统地总结了湖南省工作经验，进一步优化完善了矿产资源资产清查技术规范和制度体系，为全省开展清查工作奠定了基础。利用资产清查成果为全民所有自然资源资产平衡表编制制度、资产报告制度提供了清查数据。

二、存在的问题和建议

（一）存在的问题

1.实物量清查工作中的问题

（1）部分数据基础薄弱

矿产资源各类库中信息不完整、错误，致使实物量清查不能获得完整的信息。如矿产资源储量数据库中部分矿区及矿山的勘查阶段、埋深、标高、矿山编号、矿山名称、资源储量分类、资源量等有关信息缺失，导致基础数据表填写不完整；部分矿产资源的"矿区坐标"和"储量估算范围坐标"等信息缺失，或者坐标信息存在明显错误；矿业权统一配号系统数据中缺少"出让率""未有偿处置资源数量""未有偿处置的资源储量基准日"等数据。

(2)无划入生态保护红线和自然保护地核心区资源储量数据

实物量清查工作中，湖南省矿产资源划入生态保护红线资源储量、划入自然保护地核心区资源储量未统计备案记录，相关数据无法核实和填写。

(3)矿产资源储量数据库与矿业权统一配号系统数据不统一

矿业权统一配号系统中部分矿业权数据在矿产资源储量数据管理库中无对应矿区或矿山数据，致使清查成果数据中部分探矿权、采矿权没有对应的矿区或储量估算范围。

2.价格体系建设工作中的问题

(1)生产矿山样点偏少

本次清查涉及的32个矿种，湖南省现存生产矿山数量总体偏少；部分生产矿山由于各种原因未能正常生产，矿山产量、销售量过低，数据无法利用；少数矿山企业在价格信号采集工程中配合度不高，甚至拒绝提供其生产资料，致使湖南省各矿种生产样点偏少，甚至缺失。

从湖南省矿产资源价格信号采集成果来看，湖南省优势矿种石煤、玻璃用白云岩2种矿产已无生产矿山，其清查价格无法测算。省级区域内煤、铁、锰、金、铂、铝、镍、锡、钴、钼、锂、铌、钽、硫、金刚石、磷、矿泉水、地热等18种矿产无样本或样本不足以支撑测算，只能采取系数调整法细化国家级矿产资源资产清查价格体系。采用净现值法测算的12个矿种(铜、铅、锌、银、钨、锑、萤石、芒硝、重晶石、岩盐、石膏、隐晶质石墨)中仅铅、锌、银、石膏、萤石等5个矿种采用的矿山数量达到了5处，其余矿种采用的矿山数量只有2~4处，样点偏少，可能会影响其测算结果的准确性。

(2)矿山企业生产成本无法分割

多数矿山企业只提交了各年度生产的总数据，对各项生产成本，各矿山企业自身也无法进行分割。

本次收集的矿山中有较多的矿山有主共伴生矿产，在生产过程中各种共伴生矿产随主矿产一同采出、加工、分选，形成多种不同的产品方案，而各产品方案的生产成本无法分割。部分矿山存在采、选、冶三个生产环节,所销售产品为冶炼后的成品,而冶炼环节与采、选环节的生产成本无法分割。部分矿山有收购其他矿山产品加工或者直接销售,而在生产销售过程中其产品与矿山自身产品的生产成本无法分割。因此这些未分割的成本也可能会影响净现值法测算结果的准确性。

(3)系数调整法技术规范有待细化

本次工作中,对于省级无样本或样本不足的矿产的清查价格和地市级矿产资源清查价格均需采用系数调整法进行修正测算,但《全民所有自然资源资产清查技术指南(试行稿)》中制定的系数调整法技术规范过于笼统,其调整因子的选取、调整因子的分级取值规范需更加明确和细化,使各省和地市制定的调整系数具有统一内涵和标准。

3.经济价值估算工作中的问题

(1)部分矿种无清查价格

本次工作中,金刚石、石煤、玻璃用白云岩等矿种已无生产矿山,未测算其清查价格,致使这些矿种无法进行经济价值估算,其经济价值总量为零。

(2)部分矿山未计算保有储量

矿产资源储量数据库中部分矿山只登记了保有资源储量,未计算其保有储量,而根据本次矿产资源清查技术要求,只估算保有储量的经济价值,致使矿产资源清查经济价值总量偏少。

4.清查成果的应用方向问题

委托代理机制是自然资源资产产权制度的重要抓手。2021年6月中共中央办公厅、国务院办公厅印发《全民所有自然资源资产所有权委托代理机制试点实施方案》,要求重点解决"所有权人不到位、资产家底不清、市场配置不充分、收益管理不完善和所有权考核监督不健全"等五大突出问题,按照全民所有自然资源资产"有什么—值多少—由谁管—怎么规划—怎么配置—收益如何—怎么考核—对谁负责"的管理链条,构建由"清查统计、评估核算、委托代理、规划使用、资产配置、收益管理、考核监督、资产报告"等八项制度组成的全民所有自然资源资产所有权管理体系。因此,清查统计工作是权益管理的最基础性的工作,是为另外七项制度提供基础数据的前期工作,其重要性、必要性不言而喻。

根据第一批试点和第二批试点的现实情况来看,实施的清查工作仅用于平衡表编制和国资报告，但是对于能否满足产权制度改革的需要探讨得较少。例如，矿产资源资产的清查成果能否适用于资产保护与使用规划的要求？能否作为矿产资源资产损害赔偿的依据？能否作为判断资产收益率的标准？如果不能明确清查成果具体应用方向，我们只能就清查说清查、就清查论清查。因此顶层设计必须明确应用方向，这样开展清查工作时才能有的放矢。

(二) 建议

1. 构建省市县矿山企业四级沟通机制

矿产资源资产清查是实施全民所有自然资源资产清查的重要工作基础和环节。全民所有自然资源资产清查的实施离不开市县级相关单位和矿山企业的参与，因此立足长远，资产清查工作应建立省、市、县、矿山企业的四级沟通机制，增强地方政府的职能职责和企业的社会责任感。有效畅通的沟通机制有助于提高清查工作的效率和现势性，进一步保障基础数据可采、可用、可追溯，确保矿产资源资产清查成果的可靠性。

2. 建立健全统一调查监测标准

矿产资源资产清查工作，侧面反映出湖南省基础数据成果的完善程度、可行性以及存在的问题。建议根据自然资源管理各项需求，建立健全统一调查监测标准，以促进矿产资源资产清查、国情调查、确权登记、储量数据库、开发利用数据库、矿业权统一配号系统等各项专项调查及数据更新工作之间的衔接，保证基础数据属性的完整性和准确性。

3. 建议矿业权基准价与清查价格内涵逐步统一

加强统筹与协作，建议在制定矿业权基准价时采用净现值法，逐步统一清查价格与矿业权基准价的内涵。因无生产矿山而无法测算清查价格的矿种，如金刚石、石煤、玻璃用白云岩，建议采用矿业权基准价修正测算。进一步细化和明确系数调整法的技术规范，使各省和地市制定的调整系数具有统一的标准。

4. 构建自然资源资产清查系统平台

为减少人工处理带来的误差和提高工作效率，充分利用云计算、大数据等现代技术手段，开发统一的数据管理系统平台辅助完成全民所有自然资源资产清查工作。该系统应具备数据融合处理、属性映射挂接、空间赋值、面积平差、价格体系建设、资产经济价值估算、数据库建库、成果质检、成果汇合、专题报告、成果输入等功能，满足全民所有自然资源资产清查、核算、统计、分析等的需要。

三、经验总结

（一）统一组织，强化技术支撑

本次矿产资源清查试点由湖南省自然资源厅权益处统一组织，市县自然资源部门配合协助开展本辖区资料收集、补充调查等工作，由湖南省地质调查所承担具体技术工作。技术单位根据任务分工成立试点专家组、项目组，编制工作实施方案，将任务明确到人，严格实行项目目标管理。根据自然资源部与湖南省自然资源厅最新指示，定期组织项目组成员，学习领悟并贯彻落实清查工作有关要求，对照存在的不足及困难，研究解决措施，实现工作目标。

（二）夯实基础，加强数据准确性

矿产资源资产清查工作所需资料涉及范围广、时间跨度大，同时存在坐标系统、统计口径不一致等问题。因此，为保证数据的一致性，本次清查试点的矿产资源资产实物量底图数据统一从自然资源部及省自然资源厅获取，确保了所收集资料的准确性和可靠性，为工作的顺利推进奠定了扎实的基础。

（三）"主""辅"结合，完善清查数据

在矿产资源资产属性清查过程中，基于"矿产资源储量数据库""矿业权统一配号系统""矿山开发利用数据库管理系统""矿产资源国情调查成果"数据的完备性，明确数据使用的优先级，矿区数量、资源储量登记分类、保有资源储量、矿区范围、资源量估算范围等信息以"矿产资源储量数据库"数据为准，对"矿产资源储量数据库"中缺失的数据，根据"矿业权统一配号系统""矿山开发利用数据库管理系统""矿产资源国情调查成果"数据综合确定。

（四）立足实际，细化清查价格

构建清查价格体系时，既要满足清查技术指南基本要求，也要结合湖南省矿产资源实际，在国家级矿产资源资产清查价格体系的基础上，通过必要的核定、修正、调整和补充完善，形成基于清查时点、内涵统一的省级矿产资源清查价格。

第四章　湖南省委代地区矿产资源资产清查试点

第一节　委代地区试点项目概况

一、任务来源

统一行使全民所有自然资源资产所有者职责，是党中央赋予自然资源部的重要工作。开展全民所有自然资源资产清查是加强全民所有自然资源资产管理的基础性工作，是贯彻落实《关于全民所有自然资源资产有偿使用制度改革的指导意见》《关于建立国务院向全国人大常委会报告国有资产管理情况制度的意见》《十三届全国人大常委会贯彻落实〈中共中央关于建立国务院向全国人大常委会报告国有资产管理情况制度的意见〉五年规划（2018—2022）》《全民所有自然资源资产所有权委托代理机制试点实施方案》等文件要求的重要举措，是建立资源清单、落实委托代理机制的重要内容，是制定资产管理与收益分配政策、开展考核监督、编制自然资源资产平衡表的重要依据。

2015 年 9 月，中共中央、国务院印发《生态文明体制改革总体方案》，指出"分清全民所有中央政府直接行使所有权、全民所有地方政府行使所有权的资源清单和空间范围"；2019 年 4 月，中共中央办公厅、国务院办公厅印发《关于统筹推进自然资源资产产权制度改革的指导意见》，指出"探索开展全民所有自然资源资产所有权委托代理机制试点，明确委托代理行使所有权的资源清单、管理制度和收益分配机制"。

2019年9月，自然资源部办公厅下发《关于组织开展全民所有自然资源资产清查试点工作的通知》（自然资办函〔2019〕1711号），在河北、江西、湖南、青海、宁夏等5个省（区）启动第一批试点工作。为进一步验证和优化全民所有自然资源资产清查技术路径与方法，建立资产清查价格体系，健全工作组织方式和协调机制，2021年2月，自然资源部办公厅下发《关于开展全民所有自然资源资产清查第二批试点工作的通知》（自然资办函〔2021〕291号），在全国范围内组织开展资产清查第二批试点工作，湖南省在常德市开展全民所有自然资源资产清查试点工作。

2021年6月，中共中央办公厅、国务院办公厅印发《全民所有自然资源资产所有权委托代理机制试点方案》，指出"为统筹推进自然资源资产产权制度改革，落实统一行使全民所有自然资源资产所有者职责，探索建立全民所有自然资源资产所有权委托代理机制，开展试点工作"，明确"在全国31个省（自治区、直辖市）和新疆生产建设兵团同步试点，每个省需选取3个以上市（地、州、盟）开展具体工作。有国家公园的地区，选择国家公园和另外2个以上的市（地）、国家公园管理机构等单位，根据工作需要单独编制试点实施方案，纳入省级试点实施总体方案"。

2021年9月，湖南省自然资源厅印发《湖南省全民所有自然资源资产所有者委托代理机制试点工作方案》（湘自资发〔2021〕50号）文件；2022年5月，湖南省政府办公厅印发《湖南省人民政府代理履行全民所有自然资源资产所有者职责的自然资源清单》，确定在省本级、衡阳市、岳阳市、常德市、郴州市、湖南南山国家公园和湖南南滩国家草原自然公园开展委托代理机制试点；强调以落实"主张所有、行使权力、履行义务、承担责任、落实权益"五大所有者职责为目标。按照方案中的"依据委托代理权责依法行权履职"任务要求，有关部门、省级和市级政府按照所有者职责，建立健全所有权管理体系。为更好履行全民所有自然资源资产所有者职责，切实做好试点地区全民所有自然资源资产清查工作，根据自然资源部统一部署和湖南省委、省政府要求，结合湖南省实际，将郴州、衡阳、岳阳辖区内由省级代理行使所有权的矿产资源资产清查列入"湖南省全民所有自然资源资产所有权委托代理机制试点"省本级专项工作。

2023年7月，自然资源部办公厅印发《关于深化全民所有自然资源资产清查试点工作的通知》(自然资办函〔2023〕1334号),要求委托代理机制试点地区开展全民所有自然资源资产(含自然生态空间)实物量清查、探索核算价值量。其中,已在资产清查第二批试点中完成成果汇交的地区,或已按照第二批试点技术方法开展相关工作的地区不再重复开展。

为做好与重大改革的协同,完成委托代理机制试点地区全民所有自然资源资产清查任务,支撑履行全民所有自然资源资产所有者职责。2023年8月,湖南省自然资源厅印发《湖南省委托代理机制试点地区全民所有自然资源资产清查试点实施方案》,确定在衡阳市、岳阳市、郴州市开展全民所有自然资源资产清查试点工作。湖南省矿产资源资产清查试点为湖南省委托代理机制试点地区全民所有自然资源资产清查试点工作的重要工作任务之一。

二、目标和任务

(一)试点目标

根据《湖南省全民所有自然资源资产所有权委托代理机制试点实施总体方案》,为做好与重大改革的协同,支撑履行全民所有自然资源资产所有者职责,落实委托代理机制试点任务,按照统一行使全民所有自然资源资产所有者职责和建立国有资产管理情况报告制度的要求,开展湖南省委托代理机制试点地区(衡阳市、岳阳市、郴州市)矿产资源资产清查工作,基本摸清衡阳市、岳阳市、郴州市辖区内由省级代理行使所有权的矿产资源资产实物量,核算价值量。

(二)试点范围

根据湖南省政府办公厅印发的《湖南省全民所有自然资源资产所有权委托代理机制试点实施总体方案》《湖南省人民政府代理履行全民所有自然资源资产所有者职责的自然资源清单》,在衡阳市、岳阳市、郴州市辖区内开展由省级代理行使所有权的矿产资源资产清查试点工作。

(三)试点任务

1.开展试点地区矿产资源资产实物量清查

以湖南省2021年度矿产资源储量数据库为基础,结合矿产资源国情调查成果、矿业权统一配号系统等资料,以矿区为具体清查单元,通过空间数据整合、行政记录查阅、统计数据收集等方法，获取矿产资源资产实物量信息，开展湖南省委托代理机制试点地区矿产资源资产实物量清查工作。

2. 开展矿产资源资产经济价值核算

依据省级统一构建的矿产资源资产清查价格体系，确定清查价格，结合实物量，核算经济价值。

3. 汇总分析资产清查成果

汇总矿产资源资产清查数据，并对数据成果进行全面研究分析，编制湖南省委托代理机制试点地区矿产资源资产清查工作总结报告。

（四）指导思想

以习近平新时代中国特色社会主义思想为指导，全面贯彻党的十九大和十九届二中、三中、四中、五中全会精神，深入贯彻习近平生态文明思想和新发展理念，按照党中央、国务院关于生态文明体制改革和自然资源资产产权制度改革的要求和部署，全面推进改革试点，努力解决全民所有自然资源资产所有权人不到位、资产家底不清、市场配置不充分、收益管理不完善和考核监督机制不健全等突出问题。以所有者职责为主线，以自然资源清单为依据，以调查监测和确权登记为基础，以落实产权主体为重点，着力摸清自然资源资产家底，依法行使所有者权利，实施有效管护，强化考核监督，为切实落实和维护国家所有者权益、促进自然资源资产高效配置和保值增值、推进生态文明建设、提高自然资源治理能力、实现湖南"三高四新"美好蓝图提供有力支撑。

（五）基本原则

1. 坚持统一领导，分级负责

按照省级统一领导、省市县分级负责的方式组织实施。湖南省自然资源厅成立资产清查工作领导小组，在分管副厅长领导下，由自然资源厅权益处具体负责组织实施，省级技术支撑单位具体承担各项清查工作；各试点市、县建立相应的工作小组和协调机制，配合提供和采集相关基础资料。

2. 坚持目标导向，分类实施

以基本摸清试点地区矿产资源资产底数为目标，结合各类自然资源特点和管理基础，按照"以现有工作成果为基础，逐步提高精度"的思路，充分利用现有成果,分类开展资源资产清查工作。

3. 坚持问题导向,统筹推进

针对资产底数不清、权益不落实等问题,为做好与重大改革的协同,支撑履行矿产资源资产所有者职责,落实委托代理机制试点任务,结合湖南省各类既有工作和管理基础的实际情况,从省级层面统筹谋划资产清查工作,确定科学可行的组织模式、目标任务和技术路线。

4. 坚持质量第一,明确责任

坚持质量是工作的第一要求,建立质量核查机制,加强监督管理,确保资产清查成果数据真实有效。明确各参与主体的职责分工,建立工作协调机制,及时解决工作过程中的困难和问题。建立专家咨询机制,确保清查试点工作既符合国家要求,又为湖南省矿产资源资产管理工作提供有力支撑。

(六)工作时间

根据自然资源部的文件精神和要求,按照湖南省自然资源厅权益处的指示与部署,结合湖南省试点工作地区实际情况,本次矿产资源资产清查工作试点时间周期为2023年2月至2023年12月。

三、试点地区概况

(一)衡阳市

衡阳位于湖南省中南部,湘江中游,衡山之南,是湖南省第二大城市、湖湘文化发源地之一、湘南地区中心城市、全国现代物流枢纽城市、中南地区区域性物流中心。

衡阳市下辖5区2市5县:雁峰区、石鼓区、珠晖区、蒸湘区、南岳区、耒阳市、常宁市、衡阳县、衡南县、衡山县、衡东县、祁东县,土地总面积1.53万平方公里,占全省土地总面积的7.22%。2021年末全市常住人口662.1万人,其中,城镇人口343.36万人,城镇化率55.23%。

衡阳市周围环绕着断续环带的岭脊山地,构成典型的盆地形势。整个地形由西南向东北复合倾斜,而盆地由四周向中部降低。境内有河长5公里或流域面积10平方公里以上的江河溪流393条,总境长达8355公里,河网密度为每平方公里 0.55 公里。衡阳属亚热带季风气候，四季分明，降水充足。

衡阳市是全国有名的"有色金属之乡""非金属之乡""鱼米之乡""油茶之乡"，水口山铅锌矿被誉为"世界铅都"，钠长石储量居亚洲之首，岩盐储量居华南之冠。有矿产 69 种，木本植物 99 科、342 属、1047 种，兽类和鸟类 200 余种。境内流域面积 3000 平方公里以上的湘江一级支流有春陵水、蒸水、耒水、洣水。

2021 年衡阳市全年地区生产总值 3840.31 亿元，比上年增长 8.1%，两年平均增长 6.0%，增速高于全省平均水平。其中，第一产业增加值 445.98 亿元，比上年增长 9.2%；第二产业增加值 1301.21 亿元，比上年增长 7.8%；第三产业增加值 2093.12 亿元，比上年增长 8.0%。按常住人口计算，人均地区生产总值 57909 元，比上年增长 8.8%。

（二）岳阳市

岳阳市位于湖南东北部，江南洞庭湖之滨，依长江，纳三湘四水，江湖交汇。不仅是中国南北东西交通要道、国务院首批沿江开放之重地，而且是长江中游重要的区域中心城市、湖南首位门户城市，素称"湘北门户"。岳阳市为湖南省辖地级市、第二大经济体、省域副中心城市。

岳阳市下辖岳阳楼区、云溪区、君山区 3 个区，湘阴县、岳阳县、华容县、平江县 4 个县，代管汨罗市、临湘市 2 个县级市，设有岳阳经济技术开发区（国家级）、城陵矶临港产业新区、南湖新区和屈原管理区 4 个行政管理区，土地总面积 1.49 万平方公里，占全省土地总面积的 7.03%。2021 年末岳阳市常住人口 504.22 万，其中，城镇人口为 310.58 万人。

岳阳市地貌多种多样，丘岗与盆地相穿插、平原与湖泊犬牙交错。区内处在东亚季风气候区，气候带上具有中亚热带向北亚热带过渡性质，属湿润的大陆性季风气候。区内水系发达，湖泊星罗棋布，河流网织，有大小湖泊 165 个，280 多条大小河流直接流入洞庭湖和长江。

岳阳市境内矿产资源比较丰富，已发现矿产种类 49 种，探明储量的矿种 35 种，列入省矿产资源储量表的矿产有 27 种。水资源丰沛，多年平均降水总量为 1439.1 毫米，水资源年平均储量为 115.27 亿立方米。植物种类繁多，现有野生及栽培植物种类 2000 余种，树木种类共有 95 科、281 属、800 余种，其中以壳斗科、杉科、松科、樟科、木兰科分布最广。野生动物资源比较丰富，有以洞庭湖为核心的湿地生态类型（以水禽类为主）和以幕阜山、药菇山为核心的森林生态类型

（以兽类为主），境内脊椎动物有 23 目 84 科近 600 种。

2021 年岳阳市全年地区生产总值 4402.98 亿元，比上年增长 8.1%。其中：第一产业增加值 462.49 亿元，比上年增长 9.2%；第二产业增加值 1834.02 亿元，比上年增长 7.5%；第三产业增加值 2106.46 亿元，比上年增长 8.3%。按常住人口计算，人均地区生产总值 87268 元，比上年增长 8.7%。

（三）郴州市

郴州市位于湖南省东南部，地处南岭山脉与罗霄山脉交错、长江水系与珠江水系分流的地带，"北瞻衡岳之秀，南直五岭之冲"，素称湖南的"南大门"。是中国温泉之城，"华中经济圈""珠三角经济圈"多重辐射地区。

郴州市现辖两区（北湖区、苏仙区）、一市（资兴市）、八县（桂阳县、永兴县、宜章县、嘉禾县、临武县、汝城县、安仁县、桂东县），土地总面积 1.94 万平方公里，占全省土地总面积的 9.15%。2021 年末全市常住人口 465.79 万人，其中，城镇人口 275.02 万人，乡村人口 190.77 万人，全市城镇化率 59.04%。

郴州市境内地貌复杂多样，其特点以山丘为主，岗平相当，水面较少。地势东南高西北低，东南部以山地为主；西北部以丘陵、岗地、平原为主。郴州属中亚热带季风性湿润气候区，具有四季分明、春早多变、夏热期长、秋晴多旱、冬寒期短的特点。郴州全市分属长江和珠江两大流域，坐拥三大水系，即赣江、湘江和北江。境内河流发育，呈放射状密布。

郴州是全球有名的有色金属之乡，现已发现的矿种达 110 种，探明储量的有 7 类 70 多种。钨、铋储量全球分列第一和第二，钼储量全国第一，石墨储量全国第一，锡储量全国第三，锌储量全国第四。其他矿石品种也极其丰富。郴州还有"竹木之乡"的美誉，据调查统计，郴州有国家一级重点保护野生植物 6 种，国家二级重点保护野生植物 30 种，省地方重点保护野生植物 80 多种。郴州市有野生动物 182 种，其中，鸟类 111 种，兽类 35 种，两栖爬行类 36 种。

2021 年郴州市全年全市生产总值 2770.08 亿元，按可比价格计算，比上年增长 8.8%。其中，第一产业增加值 291.58 亿元，比上年增长 9.5%；第二产业增加值 1092.85 亿元，比上年增长 8.9%；第三产业增加值 1385.65 亿元，比上年增长 8.6%。第一产业增加值占地区生产总值比重为 10.5%，第二产业增加值比重为 39.5%，第三产业增加值比重为 50.0%。全年人均地区生产总值 59342 元，比上年增长 8.9%。

第二节　委代地区试点技术路线与工作方法

一、总体技术路线

(一)总体要求

1. 清查矿种范围

《全民所有自然资源资产清查技术指南(试行稿)》(2023 年度)(以下简称《技术指南 2023》)要求,湖南省矿产资源资产清查试点的矿种范围包括油气矿产、固体矿产和其他矿产三大类,共 43 种矿产资源。其中,国家级负责实物量清查和经济价值核算的 13 个矿种(石油、烃类天然气、页岩气、天然气水合物、油页岩、钨、锡、锑、钼、钴、锂、钾盐、晶质石墨),省级负责实物量清查和经济价值核算的 22 个矿种(煤、金、银、铂、锰、铬、铁、铜、铅、锌、铝、镍、磷、锶、铌、钽、硫、金刚石、石棉、二氧化碳、地热、矿泉水),以及除此以外的湖南省其他 8 个优势矿种(石煤、普通萤石、玻璃用白云岩、重晶石、隐晶质石墨、石膏、岩盐、芒硝)。以上矿种中,石油、烃类天然气、页岩气、天然气水合物、油页岩、钾盐、晶质石墨、铬、锶、石棉、二氧化碳等 11 种矿产在湖南省境内无资源储量。

清查矿种范围详见表 4-2-1。

表 4-2-1　清查矿种范围

矿产资源			清查分工	
分类	矿种名称	数量	国家	湖南省
《技术指南 2023》规定的矿种	石油、烃类天然气、页岩气、天然气水合物、油页岩、钨、锡、锑、钼、钴、锂、钾盐、晶质石墨	13	清查实物量,测算清查价格,核算经济价值,管理情况清查	
	煤、金、银、铂、锰、铬、铁、铜、铅、锌、铝、镍、磷、锶、铌、钽、硫、金刚石、石棉、二氧化碳、地热、矿泉水	22	测算清查价格,开展成果核查	清查实物量,建立地区调整系数,核算经济价值,管理情况清查

续表4-2-1

矿产资源			清查分工	
分类	矿种名称	数量	国家	湖南省
省内优势矿种	石煤、普通萤石、玻璃用白云岩、重晶石、隐晶质石墨、石膏、岩盐、芒硝	8	开展成果核查	清查实物量，测算清查价格，建立地区调整系数，核算经济价值，管理情况清查

2.矿产资源资产分类

矿产资源资产分类细目采用1994年3月国务院第152号令、2000年国土资源部第8号公告、2011年国土资源部第30号公告以及2017年10月17日国务院批准的所有矿产资源所构成的分类。

3.数据精度

(1)空间数据的数学基础

采用"2000国家大地坐标系"和"1985国家高程基准"。现有调查监测成果采用其他坐标系统的，应进行统一转换。

(2)计量单位

矿产资源实物量计量单位以储量数据库规定的各矿种计量单位为主，并参考矿业权统一配号系统和矿山开发利用统计数据库管理系统的相关计量单位；矿业权计量单位采用"个"；矿产资源资产清查价格单位采用"元/克(千克、吨、立方米)"等，保留两位小数；汇总经济价值单位采用"万元"，保留6位小数。

4.清查内容

湖南省矿产资源资产清查试点的清查内容包括实物量清查和价值量核算两部分。

(1)实物量清查

固体矿产实物量清查数据来源于矿产资源储量数据库管理系统，实物量清查对象为储量，包括可信储量(KX)和证实储量(ZS)。

地热、矿泉水实物量清查数据来源于矿产资源储量数据库管理系统，实物量清查对象为允许开采量。

（2）价值量核算

固体矿产价值量核算对象为储量，包括可信储量（KX）和证实储量（ZS）。

地热、矿泉水价值量核算对象为允许开采量。对于尚未取得《采矿许可证》的矿产，出让年限统一为 10 年。

5. 清查单元

实物量清查、经济价值核算清查以矿产资源储量数据库中的矿区为清查单元，固体矿产、地热和矿泉水为储量库上表矿区。

6. 清查基准时点

本次清查试点工作的基准时点为 2021 年 12 月 31 日。

（二）技术路线

本次湖南省委托代理机制试点地区矿产资源资产清查技术路线分为清查资料准备、实物量清查、估算资产经济价值、清查成果核查、数据统计分析、清查成果提交六个阶段。

具体技术流程详见图 4-2-1。

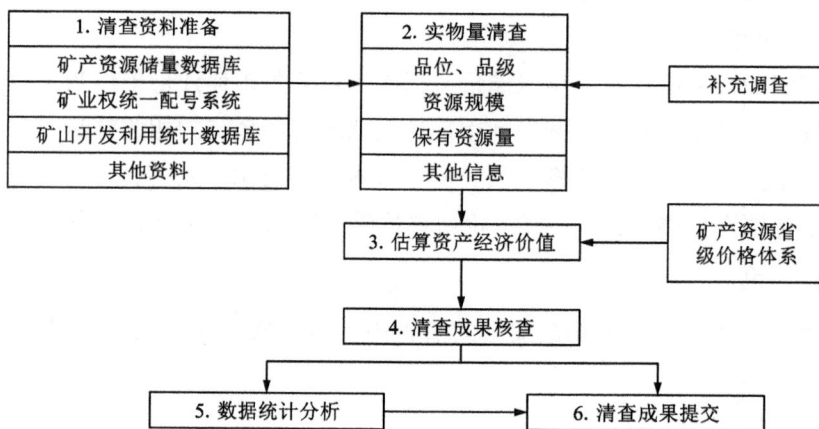

图 4-2-1　湖南省委托代理机制试点地区矿产资源资产清查技术流程图

（三）技术标准文件

湖南省委托机制代理试点地区矿产资源资产清查试点工作引用的技术标准主要有：

GB/T 2260 中华人民共和国行政区划代码

GB/T 7027 信息分类和编码的基本原则与方法

GB/T 9649 地质矿产术语分类代码

GB/T 11615 地热资源地质勘查规范

GB/T 13727 天然矿泉水资源地质勘查规范

GB/T 13908 固体矿产地质勘查规范总则

GB/T 13923 基础地理信息要素分类与代码

GB/T 13989 国家基本比例尺地形图分幅和编号

GB/T 15281 中国油、气田名称代码

GB/T 16820 地图学术语

GB/T 17766 固体矿产资源/储量分类

GB/T 17798 地理空间数据交换格式

GB/T 33444 固体矿产勘查工作规范

GB/T 33453 基础地理信息数据库建设规范

GB 21139 基础地理信息标准数据基本规定

GB 35650 国家基本比例尺地图测绘基本技术规定

CH/T 1007 基础地理信息数字产品元数据

CH T 1008 基础地理信息数字产品 1：10000、1：50000 数字高程模型

全民所有自然资源资产清查技术指南（试行稿）（2023 年度）

全民所有自然资源清查数据规范（征求意见稿）（2023 年度）

二、实物量清查

（一）清查资料准备

湖南省矿产资源资产清查涉及的基础数据分为底图数据、专题数据、财务数据和其他数据，数据收集工作由多方相关部门协调配合完成。各类基础数据主要由湖南省自然资源厅及各矿山企业协助提供，湖南省地质调查所组织技术人员前往省市县各级自然资源主管部门、矿山企业进行调查和收集。

为保证资料完整与客观，在资料收集工作结束后由参与人员对相关成果进行自查，核实收集到的调查资料是否翔实完整。如有遗漏和不实，应及时补充和改正。对完成检查的表格、文字资料按类型进行整理，装订成册，形成档案卷；对

图件按数据处理要求进行数字化、整饰，将地理空间数据统一转换为大地2000坐标系下的数据。

湖南省矿产资源资产清查涉及的基础数据详见表4-2-2。

表4-2-2 矿产资源资产清查所需资料清单

数据类型	数据	资料来源
底图数据	矿产资源储量数据库	湖南省自然资源厅
专题数据	矿产资源国情调查成果	湖南省自然资源厅
	矿业权统一配号系统	湖南省自然资源厅
	湖南矿山开发利用数据库	湖南省自然资源厅
	储量年报	湖南省自然资源厅、矿山企业
	储量核实报告	湖南省自然资源厅、矿山企业
	矿山开发利用方案	湖南省自然资源厅、矿山企业
	可行性研究报告	湖南省自然资源厅、矿山企业
财务数据	矿产企业采选生产报表	矿山企业
	矿产企业财务报表	矿山企业
其他数据	生态保护红线	湖南省自然资源厅
	自然保护地	湖南省自然资源厅
	高分辨率遥感影像	湖南省自然资源厅
	行政区划界线	湖南省自然资源厅

（二）属性信息提取

1. 空间信息提取

（1）固体矿产资源

从固体矿产资源储量数据库中提取各清查矿种的资源储量中心点坐标和估算范围（计算坐标），要素层分别命名为"固体矿产资源资产清查（点状）"（GTKCZYZC_P）、"固体矿产资源资产清查（面状）"（GTKCZYZC）。

（2）地热、矿泉水资源

从固体矿产资源储量数据库提取地热、矿泉水资源中心点坐标和范围（计算坐标），要素层分别命名为"地热、矿泉水资源资产清查（点状）"（DRKQSZYZC_P）、"地热、矿泉水资源资产清查（面状）"（DRKQSZYZC）。

2.属性信息挂接

（1）固体矿产资源

根据"固体矿产资源资产清查基础情况属性结构描述表（点状）"（见表4-2-3）和"固体矿产资源资产清查基础情况属性结构描述表（面状）"（见表4-2-4）要求，将矿产资源储量数据库中提取的储量登记分类编号、矿区编号、矿区名称、矿山编号、矿山名称、矿产类别、矿产名称、统计对象、可利用情况、未利用原因、矿石类型、矿石品级、组分名、组分单位、组分值、储量类型、金属量、矿石量、实物量数量、矿产组合、中心点坐标等相关属性信息通过矿区编号挂接到"固体矿产资源资产清查（点状）"（GTKCZYZC_P）、"固体矿产资源资产清查（面状）"（GTKCZYZC）要素层。

表4-2-3　固体矿产资源资产清查基础情况属性结构描述表（点状）

序号	字段名称	字段代码	字段类型	字段长度	小数位数	值域	约束条件	备注
1	资产清查标识码	ZCQCBSM	Text	22			M	
2	要素代码	YSDM	Text	10			M	
3	行政区代码	XZQDM	Text	19		见注9	M	
4	行政区名称	XZQMC	Text	100		见注9	M	
5	储量登记分类编号	CLDJFLBH	Text	4		见注2	M	
6	矿区编号	KQBH	Text	9		见注2	M	
7	矿区名称	KQMC	Text	254		见注2	M	
8	矿山编号	KSBH	Text	23		见注2	M	
9	矿山名称	KSMC	Text	254		见注2	M	
10	矿产类别码	KCLBM	Text	5			M	
11	矿产类别	KCLB	Text	30			M	
12	矿产代码	KCDM	Text	5			M	
13	矿产名称	KCMC	Text	30			M	

续表4-2-3

序号	字段名称	字段代码	字段类型	字段长度	小数位数	值域	约束条件	备注
14	统计对象	TJDX	Text	10		见注2	M	
15	可利用情况代码	KLYQKDM	Text	5			O	
16	可利用情况	KLYQK	Text	50			O	
17	未利用原因码	WLYYYM	Text	30			O	如有多种原因,以分号分列
18	未利用原因	WLYYY	Text	254			O	
19	矿石类型代码	KSLXDM	Text	5			M	
20	矿石类型	KSLX	Text	50			M	
21	矿石品级	KSPJ	Text	50		见注2	M	
22	组分名	ZFM	Text	20		见注2	M	
23	组分单位	ZFDW	Text	20		见注2	M	
24	组分值	ZFZ	Text	20		见注2	M	
25	储量类型码	CLLXM	Text	4			M	
26	储量类型	CLLX	Text	4			M	
27	金属量计量单位	JSLJLDW	Text	50		见注2	M	
28	金属量	JSL	Double	15	2	见注2	O	
29	矿石量计量单位	KSLJLDW	Text	50		见注2	M	
30	矿石量	KSL	Double	15	2	见注2	O	
31	实物量类型	SWLLX	Text	20		见注5	C	
32	计量单位转换系数	JLDWZHXS	Double	15	4	见注5	M	
33	实物量数量	SWLSL	Double	15	2	见注5	C	
34	矿产组合代码	KCZHDM	Text	5			M	
35	矿产组合	KCZH	Text	12			M	
36	资产价格	ZCJG	Double	15	4	见注6	C	
37	地区调整系数	DQTZXS	Double	15	2	见注6	C	
38	伴生矿调整系数	BSKTZXS	Double	15	2	见注6	C	
39	价格计量单位	JGJLDW	Text	50		见注6	M	
40	经济价值	JJJZ	Double	15	2	见注7	M	单位:万元

续表4-2-3

序号	字段名称	字段代码	字段类型	字段长度	小数位数	值域	约束条件	备注
41	履职主体层级	LZZTCJ	Text	5		见注8	M	
42	管理部门	GLBM	Text	50		见注8	M	
43	中心点纵坐标 X	ZXDZZBX	Double	15	8	见注10	M	
44	中心点横坐标 Y	ZXDHZBY	Double	15	8	见注10	M	
45	区域扩展代码	QYKZDM	Text	19		见注11	O	
46	备注	BZ	Text	254			O	

表注：

注1：以矿区/矿山为清查单元。

注2：本表数据来源于矿产资源储量数据库，其中"组分名""组分值""组分单位"根据"矿产资源资产价格标准表"中的矿种"品级/品位"细分指标项内容只填写对应的指标项。

注3：本表关键字是"储量登记分类编号"+"矿区编号"+"矿山编号"+"矿产代码"+"统计对象"+"矿石类型代码"+"矿石品级"+"组分名"+"组分值"+"储量类型码"。

注4："矿石量""金属量"只填对应储量库中"储量类别"代码值等于"19001"的内容。

注5："实物量"根据《资产价格标准地区调整系数表》中对应的价格标准计量单位所表示的计算对象选择"矿石量"或"金属量/矿物量"，同时根据计量单位进行相关的计量单位换算。其中，"实物量类型"选择"金属量""矿物量""矿石量"其中之一；"计量单位转换系数"填写与资产价格标准计量单位一致的转换系数，"数量"为确定"实物量类型"中对应储量，并转换计量单位后的数值。

注6："资产价格""价格计量单位"等数据来源于《矿产资源资产清查价格标准表》，"地区调整系数""伴生矿调整系数"数据来源于《资产清查价格标准地区调整系数表》。

注7："经济价值"按矿产指南方法核算。

注8："履职主体层级"根据中央、省、市等人民政府制订的直接行使所有权的自然资源清单，填写"中央级、省级、市级、县级"；"管理部门"根据实际填写。

注9："行政区代码""行政区名称"栏，按实际清查情况填写。

注10：如果"储量计算坐标中心点"缺失，则首先利用"储量计算坐标"计量出中心坐标；如果"储量计算坐标"缺失或错误，则采用所在地(村、镇、县)中心坐标替代，优先顺序先村、镇、县。

注11：区域扩展代码填写新疆兵团、高新区等不在2020年底变更调查行政区划代码范围内的代码。

表 4-2-4　固体矿产资源资产清查基础情况属性结构描述表（面状）

序号	字段名称	字段代码	字段类型	字段长度	小数位数	值域	约束条件	备注
1	资产清查标识码	ZCQCBSM	Text	22			M	
2	要素代码	YSDM	Text	10			M	
3	储量登记分类编号	CLDJFLBH	Text	4		见注2	M	
4	矿区编号	KQBH	Text	9		见注2	M	
5	矿山编号	KSBH	Text	23		见注2	M	
6	矿产代码	KCDM	Text	5		见注2	M	
7	统计对象	TJDX	Text	10		见注2	M	
8	矿石类型代码	KSLXDM	Text	5		见注2	M	
9	矿石品级	KSPJ	Text	50		见注2	M	
10	组分名	ZFM	Text	20		见注2	M	
11	组分值	ZFZ	Text	20		见注2	M	
12	储量类型码	CLLXM	Text	4		见注2	M	
13	备注	BZ	Text	254			O	

表注：

注1：本表数据来源于矿产资源储量数据库。

注2：本表关键字是"储量登记分类编号"+"矿区编号"+"矿山编号"+"矿产代码"+"统计对象"+"矿石类型代码"+"矿石品级"+"组分名"+"组分值"+"储量类型码"，与《固体矿产资源资产清查基础情况属性结构描述表（点状）》表中关键字一对一关联。

（2）地热、矿泉水资源

根据"地热、矿泉水资源资产清查基础情况属性结构描述表（点状）"（见表4-2-5）和"地热、矿泉水资源资产清查基础情况属性结构描述表（面状）"（见表4-2-6）要求，将矿产资源储量数据库中提取的矿区编号、矿区名称、矿山（井、孔）编号、矿山（井、孔）名称、储量登记分类编号、矿产类别、储量级别、矿产名称、可利用情况、未利用原因、水质名称、水质数值、允许开采量、热能、电能、实物量数量、中心点坐标等相关属性信息通过矿区编号挂接到"地热、矿泉水资源资产清查（点状）"（DRKQSZYZC_P）、"地热、矿泉水资源资产清查（面状）"（DRKQSZYZC）要素层。

表4-2-5　地热、矿泉水资源资产清查基础情况属性结构描述表（点状）

序号	字段名称	字段代码	字段类型	字段长度	小数位数	值域	约束条件	备注
1	资产清查标识码	ZCQCBSM	Text	22			M	
1	要素代码	YSDM	Text	10			M	
3	行政区代码	XZQDM	Text	19		见注8	M	
4	行政区名称	XZQMC	Text	100		见注8	M	
5	矿区编号	KQBH	Text	9		见注2	M	
6	矿区名称	KQMC	Text	254		见注2	M	
7	矿山（井、孔）编号	KSBH	Text	23		见注2	M	
8	矿山（井、孔）名称	KSMC	Text	254		见注2	M	
9	储量登记分类编号	CLDJFLBH	Text	5		见注2	M	
10	矿产类别码	KCLBM	Text	5			M	
11	矿产类别	KCLB	Text	30			M	
12	储量级别	CLJB	Text	5		见注2	M	
13	矿产代码	KCDM	Text	5			M	
14	矿产名称	KCMC	Text	30			M	
15	可利用情况代码	KLYQKDM	Text	15			M	
16	可利用情况	KLYQK	Text	20			M	
17	未利用原因代码	WLYYYM	Text	30			O	多原因以
18	未利用原因	WLYYY	Text	254			O	分号分列
19	水质名称	SZMC	Text	50		见注2	M	
20	水质数值	SZSZ	Text	20		见注2	M	
21	开采量计量单位	KCLJLDW	Text	50		见注2	M	
22	允许开采量	YXKCL	Double	15	2	见注2	O	
23	热能计量单位	RNJLDW	Text	50		见注2	M	
24	热能	RN	Double	15	2	见注2	O	
25	电能计量单位	DNJLDW	Text	50		见注2	M	
26	电能	DN	Double	15	2	见注2	O	
27	实物量类型	SWLLX	Text	20		见注4	C	
28	计量单位转换系数	JLDWZHXS	Double	15	4	见注4	M	

续表4-2-5

序号	字段名称	字段代码	字段类型	字段长度	小数位数	值域	约束条件	备注
29	实物数量	SWLWL	Double	15	2	见注4	C	
30	资产价格	ZCJG	Double	15	4	见注5	C	
31	地区调整系数	DQTZXS	Double	15	2	见注5	C	
32	价格计量单位	JGJLDW	Text	50		见注5	M	
33	经济价值	JJJZ	Double	15	2	见注6	M	单位：万元
34	履职主体层级	LZZTCJ	Text	5		见注7	M	
35	管理部门	GLBM	Text	50		见注7	M	
36	中心点纵坐标X	ZXDZZBX	Double	15	8	见注9	M	
37	中心点横坐标Y	ZXDHZBY	Double	15	8	见注9	M	
38	区域扩展代码	QYKZDM	Text	19		见注10	O	
39	备注	BZ	Text	254			O	

表注：

注1：以矿区/矿山(井、孔)为清查单元。

注2：本表数据来源于矿产资源储量数据库，其中"水质名称""水质数值"根据"矿产资源资产价格标准表"中的矿种"品级/品位"细分指标项内容只填写对应的指标项。

注3：本表关键字是"储量登记分类编号"+"矿区编号"+"矿山(井、孔)编号"+"矿产代码"+"储量级别"+"水质名称"+"水质数值"。

注4："实物量"根据《资产价格标准地区调整系数表》中对应的价格标准计量单位所表示的计算对象选择实物量类型，同时根据计量单位进行相关的计量单位换算。其中，"实物量类型"选择"取水量""热能""电能"其中之一；"计量单位转换系数"填写与资产价格标准计量单位一致的转换系数，"数量"为确定"实物量类型"中对应储量，并转换计量单位后的数值。

注5："资产价格""价格计量单位"等数据来源于《矿产资源资产清查价格标准表》，"地区调整系数"数据来源于《资产清查价格标准地区调整系数表》。

注6："经济价值"按矿产指南方法核算。

注7："履职主体层级"根据中央、省、市等人民政府制订的直接行使所有权的自然资源清单，填写"中央级、省级、市级、县级"；"管理部门"根据实际填写。

注8："行政区代码""行政区名称"栏，按实际清查情况填写。

注9：如果"储量计算坐标中心点"缺失，则首先利用"储量计算坐标"计量出中心坐标；如果"储量计算坐标"缺失或错误，则采用所在地(村、镇、县)中心坐标替代，优先顺序先村、镇、县。

注10：区域扩展代码填写新疆兵团、高新区等不在2020年底变更调查行政区划代码范围内的代码。

表 4-2-6　地热、矿泉水资源资产清查基础情况属性结构描述表（面状）

序号	字段名称	字段代码	字段类型	字段长度	小数位数	值域	约束条件	备注
1	资产清查标识码	ZCQCBSM	Text	22			M	
2	要素代码	YSDM	Text	10			M	
3	矿区编号	KQBH	Text	9		见注2	M	
4	矿山(井、孔)编号	KSBH	Text	23		见注2	M	
5	储量登记分类编号	CLDJFLBH	Text	15		见注2	M	
6	矿产代码	KCDM	Text	5		见注2	M	
7	储量级别	CLJB	Text	5		见注2	M	
8	水质名称	SZMC	Text	50		见注2	M	
9	水质数值	SZSZ	Text	20		见注2	M	
10	计算坐标	JSZB	Text	254		见注1	M	
11	备注	BZ	Text	254			O	

表注：

注1：本表数据来源于矿产资源储量数据库。

注2：本表关键字是"矿区编号"+"矿山(井、孔)编号"+"储量登记分类编号"+"矿产代码"+"储量级别"+"水质名称"+"水质数值"，与《地热、矿泉水资源资产清查基础情况属性结构描述表(点状)》表中关键字一对一关联。

(三) 补充属性信息

分别对各要素层属性字段进行查阅，并对完整性缺失(漏填)、规范性错误(填写不规范)的属性字段图斑进行标注。同时，采用矿产资源国情调查、矿山开发利用数据库管理系统和外业补充调查等其他数据进行补充完善。

三、价格体系更新

2023 年 11 月，国家下发了《国家级矿产资源资产价格标准（征求意见稿）》，提出当以净现值方法测算资产价格时，不再计入矿业权占用费。依据新的国家级价格标准，湖南省对省级清查价格及地市级清查价格进行了修正、调整。

（一）清查价格测算

净现值法测算清查价格：估算标准矿山未来一定时期预计可获得的资源租金，然后将资源租金折现至基准时点，再测算资产价值。

适用条件：矿山生产企业具有完整的生产经营数据和基础资料。

1. 标准矿山的资源租金

资源租金=营业收入－营业成本－营业费用－管理费用－税金及附加－开采专项补贴+矿业权出让收益（价款）摊销+矿业权占用费（使用费）+矿产资源补偿费+资源税－生产资产回报

式中：

①营业收入=标准矿山年产品产量×标准矿山销售价格（不含税）。

标准矿山产品年产量数据为集中区内各矿山企业数据的平均值，标准矿山销售价格（不含税）为集中区内各矿山企业数据的平均值，来源于企业主营业务收入明细表。

②营业成本+管理费用+营业费用=总成本费用－财务费用。

总成本费用指矿产资源生产销售过程中必须发生的成本费用，为集中区内各矿山企业数据的平均值，包括：生产成本（制造成本、制造费用）、期间费用（管理费用、营业费用、财务费用）。数据来源于矿山企业的财务会计报表、主营业务收支明细表、主营业务成本明细表、销售费用明细表、固定资产折旧明细表、无形资产摊销明细表、管理费用明细表、财务费用明细表等会计报表。总成本费用包含矿业权占用费（使用费）、矿产资源补偿费。

③税金及附加：集中区内各矿山企业数据的平均值，数据来源于矿山企业税金及附加明细表。

④开采专项补贴：集中区内各矿山企业数据的平均值，包括矿山企业享有的资源类奖励资金、增值税先征后返、价格补贴等，数据来源于企业现金流量表。

⑤生产资产回报：集中区内各矿山企业数据的平均值。

生产资产回报=（固定资产投资+土地出让金）×投资回报率

式中：固定资产投资从项目可研报告中获取；投资回报率=无风险报酬率+风险报酬率。

投资回报率取值为6.67%，其包括无风险报酬率和风险报酬率。无风险报酬率一般采用当期国债利率，即3.92%；风险报酬率采用"风险累加法"估算。以

"风险累加法"将风险报酬率叠加累计，计算公式为：

风险报酬率=行业风险报酬率(1.50%)+财务经营风险报酬率（1.25%）

其中：行业风险是由行业的市场特点、投资特点、开发特点等因素造成的不确定性带来的风险；财务经营风险包括产生于企业外部而影响财务状况的财务风险和产生于企业内部的经营风险两个方面。财务风险是企业资金融通、流动以及收益分配方面的风险，包括利息风险、汇率风险、购买力风险和税率风险。经营风险是企业内部风险，是企业经营过程中，在市场需求、要素供给、综合开发、企业管理等方面的不确定性所造成的风险。

2. 标准矿山资产价值

在搜集整理的 2016—2020 年矿山企业生产经营数据的基础上，根据不同矿种，采用净现值法对各矿种的标准矿山价值进行模拟测算，确定剩余可采储量经济价值。

（1）测算方法

公式：

$$V_{t1} = \sum_{t=1}^{N_t} \frac{RR_{t+\tau} - RT - F}{(1+i)^t}$$

式中：V_{t1} 为基准时点的标准矿山资产价值；N_t 为 t 年期末起的标准矿山服务年限，为矿产资源集中区所选矿山剩余可采资源储量除以年采出量的商（资料来源于矿山生产报表）；$(1+i)^t$ 为 t 年折现率，参考截至基准时点前 5 年国债平均收益率确定；$RR_{t+\tau}(\tau = 1, 2, \cdots, N_t)$ 为标准矿山第 τ 年资源租金；RT 为资源税；F 为矿业权占用费（使用费）。

（2）主要测算参数

基准日：2020 年 12 月 31 日。

生产能力：所收集的矿山的年设计生产规模的算术平均值。

矿产品价格：根据矿种，测算各类型矿山近 5 年的销售价格（不含税）的算术平均值，所得算术平均值即为矿产品的价格。

折现率：参考国家级矿产资源清查测算标准，取 3.24%。

矿山服务年限：矿山剩余可采储量（探明、控制、推断）除以矿山的年设计生产规模。

生产资产回报率：参考国家级矿产资源清查测算标准，取 6.67%。

产品方案：主要为各矿山每年销售的矿产品。

剩余可采储量测算：采用各矿山 2020 年的剩余可采储量算术平均值，以矿山 2020 年的储量年报为准。

3. 含资源税、矿业权占用费（使用费）标准矿山资产价值

适用范围：仅用于掌握资源税和矿业权占用费（使用费）征收对所有者权益和矿山企业的收益的影响分析。

公式：

$$V_{t2} = \sum_{t=1}^{N_t} \frac{RR_{t+\tau}}{(1+i)^t}$$

式中：V_{t2} 为基准时点的标准矿山资产价值；N_t 为 t 年期末起的标准矿山服务年限，为矿产资源集中区所选矿山剩余可采资源储量除以年采出量的商（资料来源于矿山生产报表）；$(1+i)^t$ 为 t 年折现率，参考截至基准时点前 5 年国债平均收益率确定；$RR_{t+\tau}(\tau=1, 2, \cdots, N_t)$ 为标准矿山第 τ 年资源租金。

4. 标准矿山资产价格测算

集中区内所选矿山剩余可采储量（截至清查基准时点）的平均值为标准矿山的剩余可采储量，将标准矿山的矿产资源资产价值除以标准矿山剩余可采储量，得出各类型各集中区标准矿山清查价格。

标准矿山资产清查单价计算公式：

$$P_s = \frac{v_{t2}}{S_t}$$

式中：P_s 为 t 年期末标准矿山资产清查价格；v_{t2} 为 t 年期末即基准时点的标准矿山资产价值（不含资源税）；S_t 为标准矿山剩余可采储量。

说明：含资源税和矿业权占用费（使用费）标准矿山资产单位价值参照此公式计算。

5. 矿产资产价格测算

标准矿山资产清查价格的算术平均值为该矿种各类型矿产资源清查价格标准。

计算公式：

$$\overline{P}_t = \frac{\sum_{i=1}^{n} P_{s_i}}{n}$$

式中：$\overline{P}_t$ 为单矿种分类型清查价格；P_{s_i} 为第 i 个标准矿山资产清查价格；n 为选

定的集中区数量。

说明：含资源税和矿业权占用费（使用费）标准矿山资产单位价值参照此公式计算。

(二)细化清查价格

1. 测算方法

依据清查价格，乘以地区调整系数得出下一级行政区的清查价格。

计算公式：

$$P_{ss} = \overline{P}_t \times K$$

式中：$\overline{P}_t$ 为单矿种分类型清查价格；P_{ss} 为下一级行政区域清查价格；K 为地区调整系数。

2. 确定地区调整系数

综合考虑资源禀赋、外部建设条件等因素确定地区调整系数。结合湖南省实际，通过对矿产资源相关专家进行咨询，最终确定湖南省矿产资源资产清查价格调整系数，选取路网密度、人均 GDP、平均海拔、保有资源量规模、品位等 5 个调整因子。

计算公式：

$$K = k_1\omega_1 + k_2\omega_2 + \cdots + k_i\omega_i$$

式中：K 为地区调整系数；k_i 为第 i 个调整因子取值；ω_i 为第 i 个调整因子权重。

(三)清查价格验证方法

清查价格验证采用折现现金流量法进行验证，其中标准矿山资产验证价值计算公式：

$$V_{t2} = \sum_{t=1}^{n} (CI - CO)_t \cdot \frac{1}{(1+i)^t}$$

式中：V_{t2} 为 t 年期末标准矿山资产价值；CI 为标准矿山年现金流入量；CO 为标准矿山年现金流出量；$(CI-CO)_t$ 为标准矿山年净现金流量；i 为折现率，按《矿业权评估指南》取 8%；t 为年序号（$t=1，2，\cdots，n$）；n 为标准矿山服务年限。

根据价格体系建设成果填写"矿产资源资产清查价格标准属性结构描述表"（见表 4-2-7）和"地区调整系数属性结构描述表"（见表 4-2-8）。

表 4-2-7　矿产资源资产清查价格标准属性结构描述表

序号	字段名称	字段代码	字段类型	字段长度	小数位数	值域	约束条件	备注
1	资产清查标识码	ZCQCBSM	Text	22			M	
2	要素代码	YSDM	Text	10			M	
3	行政区代码	XZQDM	Text	19			M	
4	行政区名称	XZQMC	Text	100			M	
5	矿产代码	KCDM	Text	5			M	
6	矿产名称	KCMC	Text	30			M	
7	矿石类型代码	KSLXM	Text	5			O	
8	矿石类型	KSLX	Text	50			O	
9	矿石品级	KSPJ	Text	50			O	
10	计价单位	JJDW	Text	50			M	
11	资产价格	ZCJG	Double	15	4		M	
12	伴生矿调整系数	BSKTZXS	Double	15	2		M	
13	区域坐标	QYZB	Text	254			M	
14	备注	BZ	Text	254			O	

表注：

数据来源：矿产资源资产价格体系建设成果。

清查价格标准小数点后保留4位，伴生矿调整系数保留2位。

区域坐标根据实际填写。

表 4-2-8　地区调整系数属性结构描述表

序号	字段名称	字段代码	字段类型	字段长度	小数位数	值域	约束条件	备注
1	资产清查标识码	ZCQCBSM	Text	22			M	
2	要素代码	YSDM	Text	10			M	
3	行政区代码	XZQDM	Text	19			M	
4	行政区名称	XZQMC	Text	100			M	
5	矿产代码	KCDM	Text	5	0		M	
6	矿产名称	KCMC	Text	30			M	
7	地区调整系数	DQTZXS	Double	15	2		M	

续表4-2-8

序号	字段名称	字段代码	字段类型	字段长度	小数位数	值域	约束条件	备注
8	区域坐标	QYZB	Text	254			M	
9	备注	BZ	Text	254			O	

表注：

数据来源：矿产资源资产价格体系建设成果。

地区调整系数小数点后保留 2 位。

区域坐标根据实际填写。

四、经济价值核算

将各矿种各类型矿产资源清查价格标准与相应的实物量相乘，得出该矿种各类型矿产资源资产清查经济价值，再合计得出该矿种资产清查经济价值。

(一) 价值属性映射

根据矿产资源价格体系建设成果，将矿产资源资产价值属性信息按照空间、矿种、矿石类型、矿石品级(品位)、地区调整系数、伴生矿调整系数等属性对应性挂接到相应的空间要素图层中。固体矿产资源为"固体矿产资源资产清查(点状)"(GTKCZYZC_P)要素层，地热、矿泉水资源为"地热、矿泉水资源资产清查(点状)"(DRKQSZYZC_P)要素层。

(二) 价值核算

1. 固体矿产资源资产

(1)单一、主、共生矿

固体矿产资源资产价值核算公式：

$$V_1 = Q_1 \times P_1 \times A_1$$

式中：V_1 为资产价值；Q_1 为固体矿产主、共生矿种储量；P_1 为固体矿产资产价格；A_1 为地区调整系数(如无地区调整系数，则取值为 1)。

(2)伴生矿

固体矿产伴生矿资产价值核算公式：

$$V_2 = Q_2 \times P_2 \times A_2 \times a$$

式中：V_2 为伴生矿资产价值；Q_2 为固体矿产伴生矿种储量（如不是伴生矿，则取值为 1）；P_2 为固体矿产资产价格；A_2 为地区调整系数（如无地区调整系数，则取值为 1）；a 为伴生资源打折系数，各矿产伴生资源打折系数，可采用专家咨询法，结合历史数据综合考虑。

2. 地热、矿泉水资源资产

地热、矿泉水资源资产价值核算公式：

$$V_3 = Q_3 \times P_3 \times A_3 \times T$$

式中：V_3 为资产价值；Q_3 为允许开采量（热能/电能）；P_3 为地热、矿泉水资源资产价格；A_3 为地区调整系数（如无地区调整系数，则取值为 1）；T 为已取得采矿许可证的出让年限，尚未取得的出让年限统一为 10 年。

（三）价值汇总

矿产资源资产清查经济价值汇总公式：

$$V_a = \sum_{i=1}^{n} V_i$$

式中：V_a 为所有矿产资源资产清查价值（不含资源税）；n 为核算涉及的矿产的数量；V_i 为第 i 种矿产的经济价值。

第三节　委代地区试点工作概况

一、工作开展情况

（一）工作组织

此次采用省级统筹实施、市县配合的工作机制，湖南省自然资源厅委托湖南省地质调查所全程、全方位地提供组织保障、技术保障和工作保障，湖南省地质调查所委托代理机制试点地区试点实施组抽调技术骨干组建矿产资源资产清查项目组，负责开展郴州、衡阳、岳阳辖区内矿产资源资产资料收集、实物量清查、价格体系建设、价值量核算及数据集建设等具体工作，拟定数据处理方案及操作细则，市、县自然资源及有关部门配合提供和采集相关基础资料。

(二) 工作实施情况

项目工作时间为 2023 年 2 月至 2023 年 12 月，完成了项目的前期准备、基础资料收集整理、实物量信息清查、省级清查价格体系建设、经济价值核算、数据集建设等有关工作，取得湖南省委托代理机制试点地区矿产资源资产实物量清查成果和经济价值核算成果。具体包括以下几个工作阶段：

1. 前期准备工作

2023 年 2—3 月，组织召开工作会议和研讨会，明确工作规范和技术要求，编制《湖南省委托代理机制试点地区矿产资源资产清查实施方案》，从省级层面动员和部署试点工作，建立省、市、县三级自然资源主管部门工作协调机制，明确工作规范和技术要求。根据《湖南省委托代理机制试点地区矿产资源资产清查实施方案》，研究制定矿产资源资产清查技术方案，以保障清查工作顺利开展。

2. 基础资料收集与整理

2023 年 4—5 月，通过分析整理湖南省矿产资源资产实物属性信息基础数据资料，对数据进行信息提取与清理。以县级为清查单位，通过空间数据整合等方法，在郴州、衡阳、岳阳辖区内开展由中央及省级代理行使所有权的矿产资源资产实物量清查工作。

3. 实物量信息清查

2023 年 6—7 月，通过分析整理衡阳、岳阳、郴州辖区内的资源资产实物属性信息基础数据资料，对数据进行信息提取与清理；对于必要信息不全、关键数据缺失的情况，制定外业调查方案，开展外业补充调查和资料补充收集。

4. 经济价值核算

2023 年 8—9 月，根据省级资产清查价格体系，基于实物属性和价值属性，对实物数量与清查价格进行空间和类别匹配后，核算郴州、衡阳、岳阳辖区内由中央及省级代理行使所有权的矿产资源资产的经济价值。

5. 数据集建设与成果汇总核查

2023 年 10 月，将初步清查成果进行汇总，填报数据报表，建立数据集，根据自然资源部下发的质检软件进行自动检查和人工排查，对存在质疑的图斑、样点数据等进行外业实地抽查等。

6. 报告编制与成果汇交

2023 年 11—12 月，依据国家下发的《国家级矿产资源资产价格标准（征求意见稿）》，对省级清查价格及地市级清查价格进行了修正、调整，并对经济价值核算成果进行更新。将初步成果核查验收后，对资产清查成果数据进行汇总，并验收合格后，编制工作报告、数据报表、矢量数据集等成果。

二、保障措施

（一）质量管理措施

1. 建立全面质量管理制度和多级全面质量管理小组

建立全面质量管理制度和多级全面质量管理小组，对项目实施过程中的质量进行管理和监督，把组织管理和质量管理紧密联系起来。

2. 制定操作规程、规范和质量检查工作的实施细则

在项目实施前期，根据有关规范要求，制定项目实施过程中所涉及的各项工作的操作规程、规范和质量检查工作的实施细则，为项目实施中的质量管理工作提供依据和标准，为本项目各项工作的具体实施提供规范的操作依据。

3. 开展方法技术培训，提高从业人员的技术水平

为保证项目工作质量，提交高质量、高水平的项目成果报告，有针对性地对项目组进行野外核查、资料整理、图件编制等方面的方法技术培训。

4. 采用多方位的、有效的质量技术监督方法

充分利用测点的 GPS 航迹、实地照片等测量过程中产生的电子资料对项目野外核查工作质量进行监控。

5. 加强项目生产的组织管理

为取得好的工作质量，在项目实施过程中根据项目工作的具体情况采用合适的组织管理形式来提供保障，具体如下：

①建立质量管理体系，自上而下实行层层质量负责制，项目负责人对项目质量负责，各专业负责人对本专业工作质量负责。

②为保证工作质量，项目组选拔一批理论知识扎实、实际工作经验丰富、具有强烈事业心与责任感的老中青结合的技术骨干组织项目组。

③按统一的技术要求编制专业技术工作实施细则，内容应详尽明确，可操作性强。

④严格按照湖南省地质调查所质量管理体系进行全过程监视与测量，加强数据分析，认真做好不符合项的纠正工作，确保质量工作在项目组保持持续改进。

(二)技术保障措施

①实施技术负责制，对施工中出现的重大技术问题及时进行研究和解决。聘请有关专家，咨询、会商、拟定解决方案。

②由单位统一组织，抽调测绘、地质、计算机等技术人员，实施统一协调，分工负责，多工种协作。

③宏观控制与重点勘查相结合，充分实施多"S"技术与计算机技术的集成应用，采集多源数据，并将各类资料及时形成数据集，进行综合统计分析，建立适合的评价模式。

④聘请有丰富经验的各专业技术骨干做项目顾问，以提高整体工作质量与水平，确保勘查工作按时、保质完成。

(三)安全及保密措施

1.安全生产

在项目实施过程中，牢固树立"安全第一、预防为主"的安全生产方针，加强安全制度建设及安全法、劳动法等法律法规的学习，建立安全生产责任制度，健全安全生产管理网络，抓好安全教育，严格遵守各项安全生产操作规程。

项目负责人为安全管理的主要负责人，野外作业组均要指定兼职安全员。按照地质勘探安全操作规程，检查劳动保护措施和安全制度贯彻情况。

保障车辆行车安全、野外作业安全是安全生产的重要环节。对车辆必须做好勤检查、勤保养、勤维护工作，加强司职人员管理工作。

2.涉密资料管理

本项目严格执行《中华人民共和国档案法》《中华人民共和国保守国家秘密法》等法律法规的要求，以及自然资源部、湖南省自然资源厅和湖南省地质调查所有关涉密地质资料管理的规定，认真做好各项涉密地质资料的管理，具体管理措施如下：

①因工作需要经批准形成的涉密档案资料纸质复制件，应按同等密级文件管理。使用完毕后应及时交还综合档案室统一保管，个人严禁私自保存、复制和披露与传播、转借、转让、出售给他人。

②收集、购买、对外合作、协作形成的涉密档案资料一律先交综合档案室登记造册保管，履行相关审批程序后方可利用。

③涉密人员不在无保密保护的场所阅办、存放涉密档案资料。

④禁止在与互联网相连接的计算机或未采取保密措施的其他电子信息设备中处理、传输和存储涉密档案资料。

⑤禁止用手机、普通电话、普通传真机、GPS、掌上机和普通快递传送涉密档案资料。涉密档案资料的传送应由专人报送或由专人通过邮政保密通道邮寄。

⑥禁止携带涉密档案资料进入公共场所或进行社交活动，工作确需携带时，须经本单位保密部门或主管领导批准，并指定专人严格保管。

⑦禁止在私人通信及公开发表的文章、著作和互联网站、公开网页上涉及涉密档案资料。

⑧涉密档案资料的打印、复制、扫描、复印由湖南省地质调查所信息中心统一负责，严禁未经批准的第三方打印、输出涉密档案资料。

⑨项目完成后应及时向综合档案室归档所有成果及原始资料，项目工作过程中形成的不需归档的涉密档案资料，应当登记造册并报院保密委员会批准后销毁，严禁当作废物随意堆放或处理。

⑩涉密档案资料存储设备的管理按相关保密制度执行。

三、工作完成情况

本次工作严格按照《湖南省委托代理机制试点地区矿产资源资产清查实施方案》要求，收集了资产清查涉及的基础数据，完成了湖南省委托代理机制试点地区矿产资源资产实物量清查，初步核算了矿产资源资产经济价值估算，汇总分析了湖南省委托代理机制试点地区矿产资源资产清查成果，基本完成了设计的主要任务。

(一) 基础资料收集与整理

湖南省委托代理机制试点地区矿产资源资产清查涉及的各类基础数据主要由省自然资源厅统一组织收集，部分专题数据由技术承担单位组织技术人员，前往各自然资源主管部门进行调查和收集。对基础资料按类型进行检查和整理，并归类成档案。

(二) 实物量清查

完成了郴州、衡阳、岳阳辖区内由中央及省级代理行使所有权的矿产资源资产实物量清查工作，初步摸清了矿产资源实物量。

(三) 经济价值核算

以资产清查省级价格体系为依据，完成了郴州、衡阳、岳阳地区内由中央及省级代理行使所有权的矿产资源资产经济价值核算工作，初步摸清了矿产资源资产经济价值。

(四) 数据集建设

按照《全民所有自然资源清查数据规范(征求意见稿)》及《全民所有自然资源清查技术指南(试行稿)》要求，完成了湖南省委托代理机制试点地区矿产资源资产清查试点数据集建设工作。

(五) 成果汇总

汇总分析了湖南省委托代理机制试点地区矿产资源资产清查成果，编制了《湖南省委托代理机制试点地区矿产资源资产清查工作总结报告》。

四、成果质量控制

2023年11月，采取自检、预检和省级核查的质量分级控制制度，对资产清查试点成果进行逐级检查确认。对自检、预检和省级核查中发现的问题开展讨论研究，认真分析了各项问题，全面总结了湖南省委托代理机制试点地区矿产资源资产清查成果数据修改的重点、疑点、难点，详细制订了修改计划和修改方案。针对问题逐项进行核实和修改，将所有问题修改到位，确保高质量完成湖南省委托代理机制试点地区矿产资源资产清查试点工作。

湖南省委托代理机制试点地区包括衡阳市(下辖12个县)、岳阳市(下辖9个县)、郴州市(下辖11个县)。2023年11—12月，湖南省自然资源厅权益处组织湖南省地质调查所对湖南省委托代理机制试点地区全民所有自然资源资产清查试点工作成果开展了省级检查。

省级检查采用人机交互检查等方式，利用国家统一下发的核查软件对清查成果的完整性、逻辑一致性、格式规范性、拓扑关系正确性等进行检查。对核查软件报出的问题采用人工复核的方式，同时借助遥感影像等资料，进一步对资产清查问题图斑进行核查比对；对存在错误的地方按要求统一进行修改和调整，确因原始数据错误或核查软件误判等导致无法修改的需标注例外。对成果存在的问题均已完成核实和修改，清查数据成果合格。2024 年 1 月 4 日，湖南省将试点初步成果上交至自然资源部信息中心；1 月 5 日，国家级核查和质检意见下发至湖南省。

湖南省自然资源厅权益处组织相关技术单位对反馈的问题开展讨论研究，认真分析了"国家级核查、质检反馈意见""质检与核查软件"，以及人工检查中的各项问题，全面总结了湖南省实物量数据修改的重点、疑点、难点，详细制订了修改计划和修改方案，将问题反馈给各技术单位进行修改，确保除部分例外问题，其他所有问题归零。数据合格后，汇总编制修改报告。确保高质量完成湖南省委托代理机制试点地区矿产资源资产清查试点工作。

第四节　委代地区试点成果说明

一、价格体系更新

根据 2023 年 11 月国家下发的《国家级矿产资源资产价格标准（征求意见稿）》要求，采用 2022 年湖南省矿产资源价格信号采集成果，用净现值法重新测算了铜、铅、锌、银、钨、锑、萤石、芒硝、重晶石、岩盐、石膏、隐晶质石墨等 12 种矿产的省级价格。

省级区域内煤、铁、锰、金、铂、铝、镍、锡、钴、钼、锂、铌、钽、硫、磷、金刚石、矿泉水、地热等 18 种矿产无样本或样本不足以支撑测算，采取系数调整法，依据《国家级矿产资源资产价格标准（征求意见稿）》，对省级清查价格及地市级清查价格进行了修正、调整，细化国家级矿产资源资产清查价格体系。金刚石矿因无国家级清查价格，本次工作虽制定了其地区调整系数，但无省级清查价格。

本次湖南省矿产资源资产清查价格水平还需经过国家综合平衡后才能最终确

定，且成果仅用于湖南省矿产资源资产清查和湖南省矿产资源资产平衡表编制。

二、实物量清查

(一)衡阳市

本次湖南省委托代理机制试点地区矿产资源资产清查规定清查 43 个矿种，2021 年湖南省矿产资源储量数据库中衡阳市涉及 17 个矿种，分别为：钨、锡、锑、煤、金、银、锰、铁、铜、铅、锌、硫、普通萤石、重晶石、石膏、岩盐、芒硝。

根据 2021 年度矿产资源储量数据库、矿产资源国情调查数据等资料，对衡阳市辖区范围内涉及的有储量的矿种进行了实物量清查。实物量清查涉及 73 个矿区，其中，国家级负责清查的矿种 3 个，分别为：钨、锡、锑，涉及 10 个矿区；省级负责清查的矿种 9 个，分别为：煤、金、银、锰、铁、铜、铅、锌、硫，涉及 60 个矿区；湖南省选取的优势矿种共 5 个，分别为：普通萤石、重晶石、石膏、岩盐、芒硝，涉及 12 个矿区。

涉及矿山 144 个，其中开采矿山 24 个、停产矿山 47 个、闭坑矿山 68 个、基建矿山 1 个、未利用矿山 4 个。

衡阳市矿产资源资产实物量详见表 4-4-1。

表 4-4-1　衡阳市矿产资源资产实物量汇总表

矿产名称	资源储量单位	保有储量	开采	停采	闭坑	基建	未利用
钨	吨·氧化物	45523.70	45053.00	331.90	10.00		128.80
锡	吨·金属	2706.48		669.64	2036.84		
锑	吨·金属	1357.60		1357.60			
煤	千吨·矿石	83919.61	34136.00	28545.58	21238.03		
金	千克·金属	18104.00	16440.00	1664.00			
银	吨·金属	650.21	581.00	69.21			
锰	千吨·矿石	260.58		260.58			
铁	千吨·矿石	104118.92	67513.70	32373.66	190.00	4037.06	4.50
铜	吨·金属	6826.80	4885.00	1941.80			
铅	吨·金属	219792.00	213133.00	6659.00			
锌	吨·金属	232424.80	222243.00	10181.80			

续表4-4-1

矿产名称	资源储量单位	保有储量	开采	停采	闭坑	基建	未利用
硫	千吨·矿石	5713.15	5523.46	30.80	158.89		
普通萤石	千吨·矿物量	123.21	114.67	8.54			
重晶石	千吨·矿石	4144.00	262.00				3882.00
石膏	千吨·矿石	18537.00		14103.00	4434.00		
岩盐	千吨·矿物量	185971.00	14408.00	171563.00			
芒硝	千吨·矿物量	81869.72	11493.00	41100.72			29276.00

(二)岳阳市

本次湖南省委托代理机制试点地区矿产资源资产清查规定清查 43 个矿种，2021 年湖南省矿产资源储量数据库中岳阳市涉及 11 个矿种，分别为：金、银、铜、铅、锌、铌、钽、矿泉水、石煤、普通萤石、玻璃用白云岩。

根据 2021 年度矿产资源储量数据库、矿产资源国情调查数据等资料，对衡阳市辖区范围内涉及的有储量的矿种进行了实物量清查。实物量清查涉及 13 个矿区，其中，省级负责清查的矿种 8 个，分别为：金、银、铜、铅、锌、铌、钽、矿泉水，涉及 11 个矿区；湖南省选取的优势矿种 3 个，分别为：石煤、普通萤石、玻璃用白云岩，涉及 4 个矿区。

涉及矿山 27 个，其中开采矿山 14 个、停产矿山 6 个、闭坑矿山 3 个、可进一步利用矿山 1 个、未利用矿山 3 个。

岳阳市矿产资源资产实物量详见表4-4-2。

表 4-4-2　岳阳市矿产资源资产实物量汇总表

矿产名称	资源储量单位	保有储量	开采	停采	闭坑	未利用
金	千克·金属	21104.30	20763.30	16.00		325.00
银	吨·金属	1.49	1.49			
铜	吨·金属	4322.40	1203.60	1566.80	1552.00	
铅	吨·金属	27893.70	24824.00	596.70	2473.00	
锌	吨·金属	56636.20	30715.00	22935.40	2985.80	

续表4-4-2

矿产名称	资源储量单位	保有储量	开采	停采	闭坑	未利用
铌	吨·氧化物	3.60		3.60		
钽	吨·氧化物	4.30		4.30		
矿泉水	立方米/年	617580.00	544580.00			73000.00
石煤	千吨·矿石	936.89				936.89
普通萤石	千吨·矿物量	743.26	689.80	53.46		
玻璃用白云岩	千吨·矿石	50315.68	42349.68			7966.00

(三) 郴州市

本次湖南省委托代理机制试点地区矿产资源资产清查规定清查43个矿种，2021年湖南省矿产资源储量数据库中郴州市涉及16个矿种，分别为：钨、锡、锑、钼、煤、金、银、锰、铁、铜、铅、锌、硫、地热、普通萤石、隐晶质石墨。

根据2021年度矿产资源储量数据库、矿产资源国情调查数据等资料，对衡阳市辖区范围内涉及的有储量的矿种进行了实物量清查。实物量清查涉及79个矿区，其中，国家级负责清查的矿种4个，分别为：钨、锡、锑、钼，涉及31个矿区；省级负责清查的矿种10个，分别为：煤、金、银、锰、铁、铜、铅、锌、硫、地热，涉及67个矿区；湖南省选取的优势矿种2个，分别为：普通萤石、隐晶质石墨，涉及10个矿区。

涉及矿山294个，其中开采矿山57个、停产矿山82个、闭坑矿山150个、基建矿山1个、未利用矿山4个。

郴州市矿产资源资产实物量详见表4-4-3。

表4-4-3　郴州市矿产资源资产实物量汇总表

矿产名称	资源储量单位	保有储量	开采	停采	闭坑	基建	未利用
钨	吨·氧化物	501349.50	498514.00	2835.50			
锡	吨·金属	152360.30	129180.30	22093.00	449.40	96	541.60
锑	吨·金属	3077.00	2176.00	791.00	110.00		
钼	吨·金属	67980.85	67709.50	271.35			

续表4-4-3

矿产名称	资源储量单位	保有储量	开采	停采	闭坑	基建	未利用
煤	千吨·矿石	111793.78	48785.00	7794.25	55214.53		
金	千克·金属	1984.00		232.00			1752.00
银	吨·金属	800.62	341.83	448.38	10.41		
锰	千吨·矿石	358.00	340.00	18.00			
铁	千吨·矿石	18737.41	2721.00	15909.18	107.23		
铜	吨·金属	73079.70	66429.70	6650.00			
铅	吨·金属	184090.16	135314.75	33250.15	7599.76		7925.50
锌	吨·金属	208132.87	150904.55	43227.30	5412.62		8588.40
硫	千吨·矿石	710.00	710.00				
地热	立方米/年	1365100.00	1365100.00				
普通萤石	千吨·矿物量	7472.29	7360.50	111.79			
隐晶质石墨	千吨·矿石	1820.72	969.80	667.80	47.65		135.47

三、经济价值估算

(一)衡阳市

经估算,湖南省衡阳市各类矿产资源资产中经济价值百分比由高到低依次为:岩盐(27.91%)、煤炭(27.25%)、芒硝(19.86%)、铁矿(11.81%)、金矿(2.31%)、钨矿(2.29%)、铅矿(2.02%)、石膏(1.65%)、锌矿(1.52%)、银矿(1.29%)、重晶石(0.78%)、普通萤石(0.52%)、硫铁矿(0.44%)、铜矿(0.12%)、锡矿(0.11%)、锰矿(0.09%)、锑矿(0.02%)。

从以上数据可以分析出,衡阳市矿产资源资产以非金属矿产为主,其次为能源矿产,再次为金属矿产。市域内非金属矿产种类较多,其中岩盐、芒硝经济价值占比较大,其经济价值占比分别为27.91%、19.86%,是衡阳市优势矿产资源资产。市域内能源矿产资源主要为煤炭,其经济价值占比达27.25%,亦是衡阳市优势矿产资源资产。市域内金属矿产种类较多,其中铁矿总经济价值占比最高,经济价值占比为11.81%,也是衡阳市优势矿产资源资产;有色金属矿产种类最多,总经济价值占比为6.08%。

衡阳市矿产资源资产经济价值估算结果见图 4-4-1。

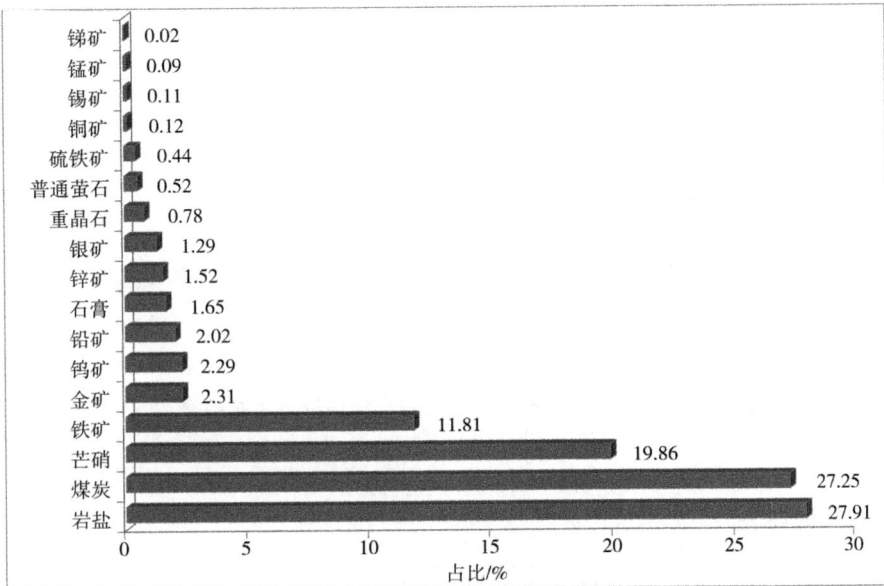

图 4-4-1 衡阳市矿产资源资产经济价值估算结果

(二)岳阳市

经估算,湖南省岳阳市各类矿产资源资产中经济价值百分比由高到低依次为:金矿(54.74%)、普通萤石(29.45%)、锌矿(5.85%)、矿泉水(5.25%)、铅矿(3.76%)、铜矿(0.91%)、银矿(0.02%)、铌矿(0.01%)、钽矿(0.01%)。石煤和玻璃用白云岩由于没有省级清查价格,仅清查实物量,未核算经济价值。

从以上数据可以分析出,岳阳市矿产资源资产以金属矿产为主,其次为非金属矿产,再次为水气矿产。市域内金属矿产种类较多,其中金矿经济价值占比最大,经济价值占比为 54.74%,是岳阳市优势矿产资源资产;有色金属矿产种类最多,总经济价值占比为 10.52%。市域内非金属矿产主要为普通萤石,其经济价值占比达 29.45%,亦是岳阳市优势矿产资源资产;玻璃用白云岩虽然未估算其经济价值,但储量巨大,经济价值潜力不容忽视。

岳阳市矿产资源资产经济价值估算结果见图 4-4-2。

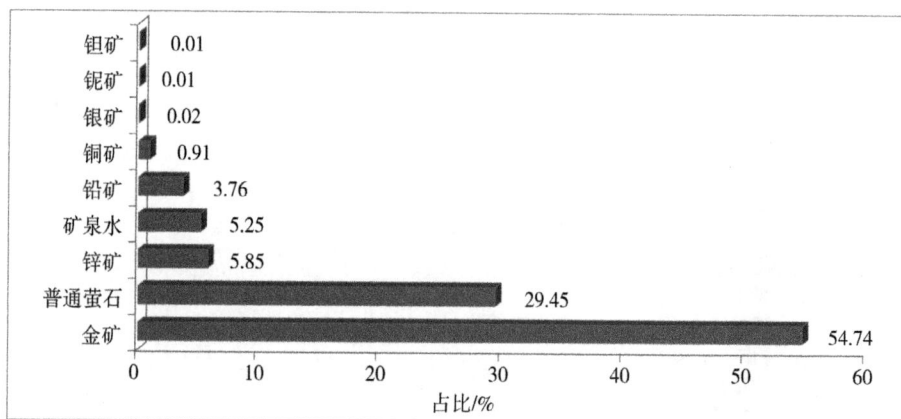

图4-4-2 岳阳市矿产资源资产经济价值估算结果

(三) 郴州市

经估算，湖南省郴州市各类矿产资源资产中经济价值百分比由高到低依次为：普通萤石(31.16%)、煤炭(30.03%)、钨矿(21.91%)、锡矿(6.21%)、钼矿(2.48%)、铁矿(1.93%)、铅矿(1.41%)、锌矿(1.22%)、铜矿(1.08%)、银矿(0.88%)、隐晶质石墨(0.83%)、地下热水(0.52%)、金矿(0.16%)、锰矿(0.10%)、锑矿(0.04%)、硫铁矿(0.04%)。

从以上数据可以分析出，郴州市矿产资源资产以金属矿产为主，其次为非金属矿产，再次为能源矿产，水气矿产较少。市域内金属矿产种类较多，其中有色金属矿产种类最多，总经济价值占比为34.35%，以钨矿为主，经济价值占比为21.91%，是郴州市优势矿产资源资产。市域内非金属矿产主要为普通萤石，其经济价值占比达31.16%，亦是郴州市优势矿产资源资产。市域内能源矿产主要为煤炭，其经济价值占比达30.03%，也是郴州市优势矿产资源资产。

郴州市矿产资源资产经济价值估算结果见图4-4-3。

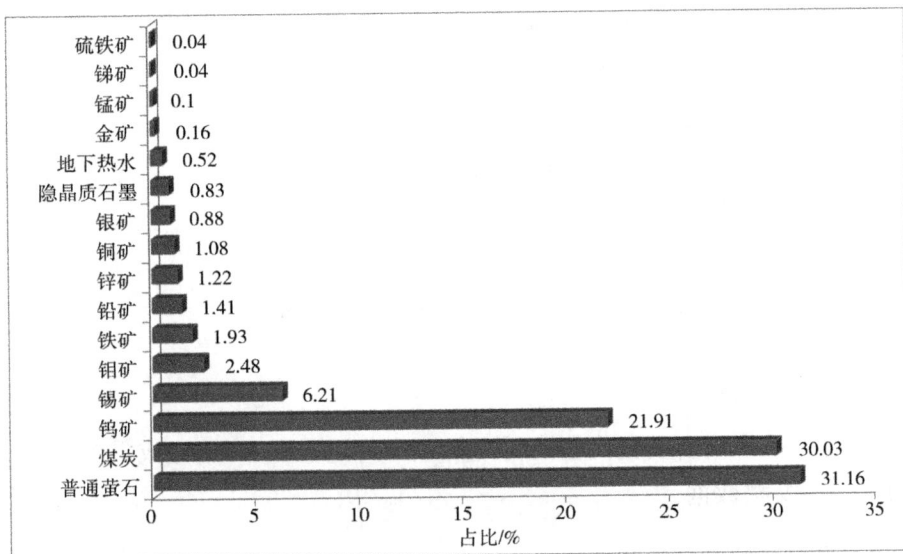

图4-4-3 郴州市矿产资源资产经济价值估算结果

四、数据集建设

按照《全民所有自然资源清查数据规范(征求意见稿)》《调查技术指南2023》要求,建立湖南省委托代理机制试点地区矿产资源资产清查数据集。

(一)湖南省矿产资源资产清查价格体系成果数据集

湖南省(430000)全民所有自然资源资产清查省级价格体系成果

| |-矿产

| |-空间数据

| |(430000)KCZCJG. shp

| |(430000)KCDQXS. shp

(二)湖南省矿产资源资产清查成果数据集

湖南省(430000)全民所有自然资源资产清查数据成果

| |-清查数据集

| |-矿产

```
|           |-空间数据
|              |（430000）GTKCZYZC_P. shp
|              |（430000）GTKCZYZC. shp
|              |（430000）DRKQSZYZC_P. shp
|              |（430000）DRKQSZYZC. shp
|      |-汇总表格
|         |-矿产
|            |（430000）矿产资源资产经济价值汇总表. XLS
|      |-图集
|         |-矿产
|            |湖南省委托代理机制试点地区矿产资源资产清查成果图. pdf
|      |-文档数据
|         |-矿产
|            |湖南省委托代理机制试点地区矿产资源资产清查工作总结报
告. pdf
```

五、成果分析应用

（一）为自然资源资产管理情况专项报告编制提供基础数据

矿产资源资产清查是摸清"家底"的工作，资产数量、价值等内容是自然资源资产清查最直接的成果，通过分析矿产资源资产的分布，即可回答"有什么，有多少，在哪里"的问题。通过年度变更工作，进一步掌握各类自然资源资产的数量与价值增减、位置转移、方向转换等方面的变化规律与特点，综合全面反映矿产资源资产存量与流量、数量与质量的变化状况，促进了矿产资源统计监测信息的整合，提高了矿产资源资产信息透明度，客观反映出矿产资源保护与利用情况。矿产资源资产清查可以从静态和动态两个方面为自然资源资产管理情况专项报告工作提供基础支撑。

（二）支撑自然资源资产负债表

矿产资源资产清查试点反映了矿产资源资产的实物量和价值量的总体情况，带动资产情况滚动、变更技术方法标准等的探索，将矿产资源的消耗和经济增长模式纳入统一的自然资源资产负债表框架体系，更能准确反映出经济发展和资源环境之间的关系，有利于完善和发展与国际接轨、与国家统计核算制度衔接的物质储量、价格和价值量信息统一的资产核算体系。

(三)支撑监督考核机制建设

通过对各项实物、价值指标的时空动态及变动情况进行综合分析，并结合自然、经济、社会等方面数据，能较为准确地衡量地区矿产资源数量和价值的变化，可以掌握矿产资源资产处置是否合理、自然资源资产是否流失等信息，全面揭示政府对各类矿产资源资产的占有、使用情况及负担能力，支撑评价考核指标计算，量化矿产资源资产管理、保护、监督、责任的成效，为考核自然资源资产所有者权益落实情况提供基础数据。

(四)支撑自然资源资产保护和使用规划编制

通过清查明确规划范围、对象、底数底图，确认资产公益/营利属性和三生价值主导方向，对闲置、低效、污染、破坏、使用权即将到期、使用权存在瑕疵的矿产资源资产进行摸底、标图建库，作为未来存量盘活或收储再开发的重点对象。通过年度变更工作把握实物量与价值量流向，剖析流量形成的原因，以不同资源资产动态评估结果设置预警提醒，从而为制定地区自然资源资产保护和使用规划、优化产业布局等提供信息依据和决策支持，逐步规范政府对其辖区内资源资产的利用方式，提高资源利用效率，实现在兼顾经济快速增长的同时，对全民所有自然资源资产进行有效管理和保护，加强资源保护与环境治理，引导地区社会经济可持续发展，推进各级政府自然资源治理体系和治理能力的现代化。

(五)为自然资源智慧平台提供基础数据

通过矿产资源资产清查统计和核算工作，基本摸清了矿产资源资产的数量、权属、质量、价格、分布、用途等实物量属性信息，开展了矿产资源资产经济价值核算，建立了资产清查数据集，为湖南省建立自然资源智慧平台提供了基础数据。

(六)为其他专项调查工作提供反馈

在资产清查试点工作中，对发现的各类与调查工作不一致的情况进行标注，对资产所有者边界、使用权内容等不一致的情况进行反馈。资产清查不仅是资产和权益管理工作的基础和数据支撑，还可以通过清查工作发现其他工作中出现的误差和不足，为其他专项调查工作的优化和完善提供反馈。

第五节　委代地区试点工作总结

一、工作成果

（一）基本摸清了委代试点地区矿产资源资产家底

基本摸清了湖南省委托代理试点地区矿产资源数量、权属、质量、价格、分布、用途等实物量属性信息，开展了矿产资源资产经济价值核算，建立了湖南省委托代理机制试点地区矿产资源资产清查数据集。

（二）优化完善了矿产资源资产清查价格

根据《技术指南 2023》要求，依据国家下发的《国家级矿产资源资产价格标准（征求意见稿）》和 2022 年湖南省矿产资源价格信号采集成果，优化完善了湖南省矿产资源资产省级价格体系，更新了湖南省矿产资源资产清查价格体系成果数据集。

（三）系统总结了资产清查工作经验

湖南省委托代理试点地区矿产资源资产清查试点，充分结合了湖南省管理实际，全面分析了工作中存在的问题，详细地提出了相关意见建议，进一步优化完善了矿产资源资产清查技术规范和报表体系，形成了湖南省委托代理试点地区矿产资源资产清查试点成果。

二、存在的问题和建议

（一）存在的问题

1.涉及部门多，数据统筹难

矿产资源管理涉及多个部门数据，协调难度大、周期长。现有部分矿产资源调查成果数据基础不统一，各部门对矿产资源管理均有明确的职能分工。对于资源清查过程中存在缺失或者不够完善的基础数据，为保障数据的权威性和有效性，只能协调相关各部门对其职能范围内的数据进行补充和完善。但因各部门的各项工作成果实际难以及时与清查数据要求相匹配，基础数据缺失等问题只能待各部门完成相应工作后进行补充。

2. 基层参与少，协助配合难

本次清查试点工作由湖南省自然资源厅组织，湖南省地质调查所负责具体工作实施。市县自然资源主管部门主要是配合技术单位开展工作，参与程度不深，对该项工作了解较少，以致其责任意识不强，配合度及积极性不高。

3. 标准不统一，技术融合难

现有矿产资源资产调查成果数据基础标准不统一，不同的数据成果基础来源、调查方法、标准要求、运用场景、制作时点不同，通过空间位置以图斑叠加方式进行属性映射，势必产生图斑之间边界不一致、范围不一致、属性不符等问题。这些数据需要花费较多的人力对叠加后数据的空间、属性信息进行核对、处理，处理过程重复、繁琐，从而导致数据前期处理工作量大，整合难度高。

4. 应用探讨少，成果推广难

清查统计工作是权益管理最基础性的工作，是为委托代理各项制度提供基础数据的前期工作，其重要性、必要性不言而喻。根据三批试点的现实情况来看，我们实施的清查工作仅已明确能用于负债表编制和国资报告，并结合委托代理机制试点工作开展少量应用探索工作，但是对于能否满足产权制度改革的需要，依然探讨得较少。如果不能明确清查成果的具体应用方向，将不利于资产清查的成果推广。

(二) 建议

1. 进一步完善资产清查方法和体系

虽然资产清查工作已初步形成了技术方法体系，但部分技术方法仍需要调整完善和细化。如矿产资源实物量清查和价格体系建设矿种范围需进一步完善，目前矿产资源资产清查范围仅限于技术指南规定的 35 个矿种及各省确定的优势矿种，矿种覆盖范围尚不够全面，无法全面反映矿产资源资产"家底"。需进一步细化价格体系建设方法，针对无生产矿山的矿种建议、伴生矿产的价格测算需进一步细化明确。

2.形成省级统筹资料收集长效机制

自然资源资产清查工作涉及各类自然资源专项调查中的资源数量、权属、质量、价格、分布、用途、使用权、收益等成果，这类基础调查成果数据保密级别高，收集较为困难。随着试点工作逐步成熟和年度国有资产报告编制的需要，自然资源资产清查工作将逐步成为常规工作，因此，建议由湖南省自然资源厅牵头，统筹清查工作资料收集，建立清查资料年度汇交机制，提高清查工作效率。

3.明确责任分工分级开展资产清查

矿产资源资产根据履职代理主体分为国家、省、市、县四级，湖南省清查试点工作由省级统一组织开展，市县参与较少。在资产清查工作全面开展时，建议各级自然资源主管部门按职能分工统一组织、分级开展，以充分发挥国家、省级技术优势和市、县级资料基础优势。

三、经验总结

(一)坚持工作实践，不断完善清查制度

湖南省矿产资源资产清查经历了三批试点工作的实践与探索，在充分结合湖南省管理实际与全民所有自然资源资产清查要求的基础上，全面分析总结了工作中存在的问题，详细地提出了相关意见建议，不断优化完善了矿产资源资产清查工作机制、技术规范和报表体系，为全面开展全民所有自然资源资产清查奠定了基础。

(二)坚持实事求是，不断夯实数据基础

矿产资源资产清查工作所需资料涉及范围广、时间跨度大，各类库中存在数据不一致、缺失或错误等问题。清查过程中，要坚持问题导向，坚持实事求是。明确数据优先级，对于属性信息不一致的数据，以"矿产资源储量数据库"数据为准；对于属性信息缺失或错误的数据，采用多源成果数据，相互补充，相互验证，最大限度对相关信息进行完善；对于无法补充验证的数据，制定问题数据清单，及时向有关部门反映，为其他专项调查工作的优化和完善提供反馈。

（三）坚持应用探索，不断强化权益管理

基于矿产资源资产清查试点成果，结合"国资报告""负债表编制试点""委托代理机制试点"工作要求，坚持对清查成果开展应用探索工作。经初步探索研究，自然资源资产清查成果为湖南省自然资源资产管理情况专项报告的编制、自然资源资产负债表框架体系的构建、监督考核机制的建设、自然资源资产保护和使用规划的编制、自然资源智慧平台的搭建提供了基础数据，强化了湖南省所有者权益管理基础。

第五章 湖南省矿产资源资产摸底清查

第一节 摸底清查项目概况

一、任务来源

统一行使全民所有自然资源资产所有者职责，是党中央赋予自然资源部的重要工作。开展全民所有自然资源资产清查是加强全民所有自然资源资产管理的基础性工作，是贯彻落实《关于全民所有自然资源资产有偿使用制度改革的指导意见》《关于统筹推进自然资源资产产权制度改革的指导意见》《关于建立国务院向全国人大常委会报告国有资产管理情况制度的意见》《十三届全国人大常委会贯彻落实〈中共中央关于建立国务院向全国人大常委会报告国有资产管理情况制度的意见〉五年规划（2018—2022）》《全民所有自然资源资产所有权委托代理机制试点实施方案》等文件要求的重要举措，是落实全民所有自然资源资产所有权委托代理机制的重要内容，是编制全民所有自然资源资产平衡表的重要依据。

2019年9月，自然资源部印发《关于组织开展全民所有自然资源资产清查试点工作的通知》（自然资办函〔2019〕1711号），选择在河北、江西、湖南、青海、宁夏等5个省（区），启动第一批试点工作。为进一步验证和优化全民所有自然资源资产清查技术路径与方法，建立资产清查价格体系，健全工作组织方式和协调机制，2021 年 2 月，自然资源部印发《关于开展全民所有自然资源资产清查第二批试点工作的通知》(自然资办函〔2021〕291 号)，决定在全国范围内组织开展资产清查第二批试点工作。2021 年 5 月，根据自然资源部要求，湖南省自然资源厅办公室下发了《关于开展全民所有自然资源资产清查第二批试点工作的通知》，决定在常德市开展第二批试点工作。

经过两轮试点工作，全民所有自然资源资产清查工作总体思路、技术方法、技术规范和工作流程已较为成熟。为加强全民所有自然资源资产管理，摸清湖南省全民所有自然资源资产底数，2022 年 4 月，湖南省自然资源厅办公室印发《关于开展湖南省全民所有自然资源资产清查及全民所有自然资源资产平衡表编制试点工作的通知》(以下简称《通知》)。《通知》要求按照自然资源部下发的《全民所有自然资源资产清查技术指南(试行稿)》，以 2020 年度和 2021 年度"国土变更调查数据""矿产资源储量数据库"为本底，辅以第二批试点初步建立的省级清查价格体系，开展湖南省 2020 年度和 2021 年度全民所有自然资源资产摸底清查工作，逐步解决我省全民所有自然资源资产"从无到有"和"从有到精"的现状。

湖南省矿产资源资产摸底清查为湖南省全民所有自然资源资产摸底清查工作的重要工作任务之一。

二、目标和任务

(一)试点目标

按照统一行使全民所有自然资源资产所有者职责和建立国有资产管理情况报告制度的要求，开展湖南省矿产资源资产摸底清查工作，初步摸清全省范围内矿产资源资产家底，解决湖南省矿产资源资产家底数据"从无到有"的问题。

(二)试点范围

湖南省矿产资源资产摸底清查范围为湖南省 14 个市州，其中开展了全民所有自然资源资产清查试点的地区，直接采用相应年度的清查试点成果数据。

（三）试点任务

1. 开展资产实物量清查

以湖南省 2020 年度和 2021 年矿产资源储量数据库为基础，结合矿业权统一配号系统、矿山开发利用统计数据库等资料，以矿区为具体清查单元，通过空间数据整合、行政记录查阅、统计数据收集等方法，获取湖南省 2020 年度和 2021年度矿产资源资产实物量信息，开展矿产资源资产实物量摸底清查工作。

2. 开展资产经济价值估算

依据省级统一构建的矿产资源资产清查价格体系，确定清查价格，结合实物量，估算 2020 年度和 2021 年度湖南省矿产资源资产经济价值。

3. 汇总分析资产摸底清查成果

汇总矿产资源资产摸底清查数据，并对数据成果进行全面研究分析，编制资产摸底清查成果报告。

（四）指导思想

以习近平新时代中国特色社会主义思想为指导，深入贯彻习近平生态文明思想，加快落实生态文明建设的总体要求和统筹推进自然资源资产产权制度改革的决策部署，按照"两统一"职责的要求，推动解决"底数不清"等自然资源管理突出问题，全面摸清土地、矿产、森林、草原、湿地和水等全民所有自然资源资产家底，夯实全民所有自然资源资产管理基础。

（五）基本原则

1. 坚持循序渐进，分类实施

以初步摸清湖南省全民所有自然资源资产底数为目标，结合各类自然资源特点和管理基础，按照"以现有工作成果为基础，逐步提高精度"的思路，充分利用已有各类自然资源专项调查成果、省级统一构建的资产清查价格体系，开展资产清查工作。

2. 坚持问题导向，统筹推进

推动解决"底数不清、权责不明"等自然资源资产管理的突出问题，着力解决现有实践中数据获取难度大、价值内涵不统一、核算方法不一致等问题，实现"示家底、明权责、核收支、显履职、助决策"的目标，统筹考虑各类既有工作和管理基础的实际情况，在时间安排、工作步骤、组织方式上有计划、有区别地制定策略和方法。

3.坚持质量第一，有效可行

明确各级各类参与主体的职责分工，建立工作协调机制，及时解决工作过程中的困难和问题；坚持质量是工作的第一要求，建立质量核查机制，加强监督管理，确保资产清查成果数据真实有效。充分利用现有工作成果数据，尽量避免采用新生成数据，确保结果能够验证、核查，注重技术可行，易于操作。

（六）工作时间

根据自然资源部的文件精神和要求，按照湖南省自然资源厅权益处的指示与部署，结合湖南省试点工作地区实际情况，本次矿产资源资产摸底清查工作试点时间周期为 2022 年 1 月至 2023 年 12 月。其中，2022 年 1—12 月，开展湖南省2020 年度矿产资源资产摸底清查，2023 年 1—12 月，开展湖南省 2021 年度矿产资源资产摸底清查。

第二节　摸底清查技术路线与工作方法

由于本次矿产资源资产摸底清查工作分两年开展，且由于清查技术指南的更新，湖南省 2020 年度矿产资源资产摸底清查的工作方法主要参照《技术指南2022》，湖南省 2021 年度矿产资源资产摸底清查的工作方法主要参照《技术指南2023》。

一、总体技术路线

（一）总体要求

1.清查矿种范围

本次矿产资源资产摸底清查矿种范围为省级负责矿业权出让、登记的 30 个矿种：煤、金、银、铂、锰、铬、铁、铜、铅、锌、铝、镍、磷、锶、铌、钽、硫、金刚石、石棉、二氧化碳、地热和矿泉水等 22 个由《技术指南 2022》规定清查的矿种以及除上述矿种以外的石煤、普通萤石、玻璃用白云岩、重晶石、隐晶质石墨、石膏、岩盐、芒硝等 8 个省内优势矿种，详见表 5-2-1。

表 5-2-1 实物量清查与价值估算矿种范围

矿产资源			清查任务
分类	矿种名称	数量/个	湖南省
《技术指南 2022》规定的矿种	煤、金、银、铂、锰、铬、铁、铜、铅、锌、铝、镍、磷、锶、铌、钽、硫、金刚石、石棉、二氧化碳、地热、矿泉水	22	开展实物量清查，估算经济价值
省内优势矿种	石煤、普通萤石、玻璃用白云岩、重晶石、隐晶质石墨、石膏、岩盐、芒硝	8	开展实物量清查，估算经济价值

2. 矿产资源分类要求

矿产资源资产分类细目采用 1994 年 3 月国务院第 152 号令、2000 年国土资源部第 8 号公告、2011 年国土资源部第 30 号公告以及 2017 年 10 月 17 日国务院批准的所有矿产资源所构成的分类。

3. 数据精度

（1）空间数据的数学基础

采用"2000 国家大地坐标系"和"1985 国家高程基准"。现有调查监测成果采用其他坐标系统的，应进行统一转换。

（2）计量单位

矿产资源实物量计量单位以储量数据库规定的各矿种计量单位为主，并参考矿业权统一配号系统和矿山开发利用统计数据库管理系统的相关计量单位；矿业权计量单位采用"个"；矿产资源资产清查价格单位采用"元/克（千克、吨、立方米）"等，保留两位小数；汇总经济价值单位采用"万元"，保留六位小数。

4. 清查对象

湖南省矿产资源资产清查试点的清查内对象包括实物量清查和价值量估算两部分。

（1）实物量清查

①2020 年度摸底清查对象。

根据《技术指南 2022》的要求，固体矿产数据来源于固体矿产储量数据库，为资源量，包括探明资源量、控制资源量和推断资源量，其中探明资源量和控制资源量可经济采出的部分即为储量。地热、矿泉水清查数据来源以矿业权统一配号系统为主，并参考矿山开发利用数据库管理系统，其余矿种清查数据来源以矿产资源储量数据库为主。

②2021 年度摸底清查对象。

根据《技术指南 2023》的要求，固体矿产实物量清查数据来源于矿产资源储量数据库管理系统，实物量清查对象为储量，包括可信储量（KX）和证实储量（ZS）。地热、矿泉水实物量清查数据来源于矿产资源储量数据库管理系统，实物量清查对象为允许开采量。

（2）价值量估算

固体矿产价值量估算对象为储量，包括可信储量（KX）和证实储量（ZS）。

地热、矿泉水价值量估算对象为允许开采量。对于尚未取得《采矿许可证》的矿产，出让年限统一为 10 年。

5. 清查单元

实物量清查、经济价值估算清查以矿产资源储量数据库中的矿区为清查单元，固体矿产、地热和矿泉水为储量库上表矿区。

6. 清查基准时点

2020 年度资产摸底清查的基准时点为 2020 年 12 月 31 日。

2021 年度资产摸底清查的基准时点为 2021 年 12 月 31 日。

（二）技术路线

根据试点任务，湖南省矿产资源资产清查试点技术路线分为实物量清查，价格体系建设，价值估算、成果核查与应用三个阶段，详见图 5-2-1。

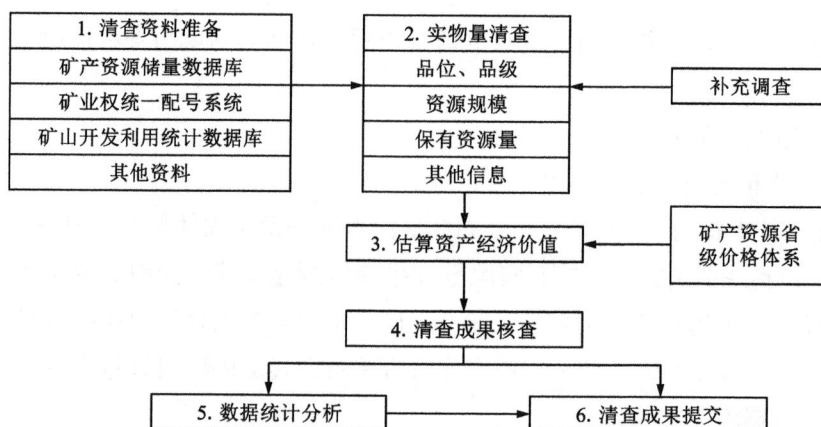

图5-2-1　湖南省矿产资源资产摸底清查技术流程图

(三)技术标准文件

湖南省矿产资源资产摸底清查工作引用的技术标准主要有:

GB/T 2260 中华人民共和国行政区划代码

GB/T 7027 信息分类和编码的基本原则与方法

GB/T 9649 地质矿产术语分类代码

GB/T 11615 地热资源地质勘查规范

GB/T 13727 天然矿泉水资源地质勘查规范

GB/T 13908 固体矿产地质勘查规范总则

GB/T 13923 基础地理信息要素分类与代码

GB/T 13989 国家基本比例尺地形图分幅和编号

GB/T 15281 中国油、气田名称代码

GB/T 16820 地图学术语

GB/T 17766 固体矿产资源/储量分类

GB/T 17798 地理空间数据交换格式

GB/T 33444 固体矿产勘查工作规范

GB/T 33453 基础地理信息数据库建设规范

GB 21139 基础地理信息标准数据基本规定

GB 35650 国家基本比例尺地图测绘基本技术规定

CH/T 1007 基础地理信息数字产品元数据

CH/T 1008 基础地理信息数字产品 1∶10000、1∶50000 数字高程模型

全民所有自然资源资产清查技术指南(试行稿)2022、2023 年度

二、实物量清查

(一)清查资源准备

湖南省矿产资源资产清查涉及的基础数据分为底图数据、专题数据、财务数据和其他数据,主要包括矿产资源储量数据、矿业权数据、矿山开发利用数据、矿产资源国情调查成果等。数据收集工作由多个相关部门协调配合完成,各类基础数据主要由湖南省自然资源厅协助提供,湖南省地质调查所组织技术人员前往省级自然资源主管部门进行调查和收集。

为保证资料完整与客观,在资料收集工作结束后由参与人员对相关成果进行自查,核实收集到的调查资料是否翔实完整。如有遗漏和不实,则及时补充和改正,将地理空间数据统一转换为 2000 国家大地坐标系下的数据。

湖南省矿产资源资产清查涉及的基础数据详见表 5-2-2。

表 5-2-2 矿产资源资产清查所需资料清单

数据类型	数据	资料来源
底图数据	矿产资源储量数据库	湖南省自然资源厅
专题数据	矿产资源国情调查成果	湖南省自然资源厅
	矿业权统一配号系统	湖南省自然资源厅
	湖南矿山开发利用数据库	湖南省自然资源厅
其他数据	高分辨率遥感影像	湖南省自然资源厅
	行政区划界线	湖南省自然资源厅

(二)属性信息提取

以湖南省 2020 年度矿产资源储量数据库为基础,结合矿业权统一配号系统、

矿山开发利用统计数据库等资料，以矿区为具体清查单元，对湖南省各县（市、区）辖区内省级负责清查的矿产资源属性信息进行采集，包括矿区编码、矿区名称、勘查阶段、利用类型代码、未利用原因代码、中心点坐标、矿产组合、矿种类型、矿产名称、矿石类型、矿石品级、资源规模、保有资源储量、压覆情况等实物量信息。填写"固体矿产资源资产清查基础情况属性结构描述表"（见表5-2-3）、"固体矿产资源资产清查基础情况扩展属性结构描述表"（见表5-2-4）和"地热、矿泉水资源资产清查基础情况属性结构描述表"（见表5-2-5）。

表 5-2-3　固体矿产资源资产清查基础情况属性结构描述表

序号	字段名称	字段代码	字段类型	字段长度	小数位数	值域	约束条件	备注
1	资产清查标识码	ZCQCBSM	Text	22			M	
2	要素代码	YSDM	Text	10			M	
3	行政区名称	XZQMC	Text	100		本表注10	M	
4	行政区代码	XZQDM	Text	19		本表注10	M	
5	矿区编码	KQBM	Text	9		本表注3	M	
6	矿区名称	KQMC	Text	254		本表注4	M	
7	勘查阶段	KCJD	Text	8		本表注5	O	
8	利用类型代码	LYLXDM	Text	8		本表注6	O	
9	未利用原因代码	WLYYYDM	Text	8		本表注7	O	
10	中心点坐标	ZXDZB	Text	30		本表注12	O	
11	埋深	MS	Text	64		本表注8	O	
12	标高	BG	Text	64		本表注9	O	
13	区域扩展代码	QYKZDM	Text	19		本表注11	O	
14	备注	BZ	Text	254			O	

表注：

注1：以矿区为清查单元。

注2：本表数据来源于矿产资源储量数据库。

注3："矿区编码"栏，按矿产资源储量数据库中矿区编码填写。

注4："矿区名称"栏，按矿产资源储量数据库中矿区名称填写。

注5："勘查阶段"栏，按矿产资源储量数据库中勘查阶段填写。

注6："利用类型代码"栏，利用类型具体分类，见《技术指南2023》"七、矿产资源资产清查"中表 A.

16，选择对应的类型代码填写。

注7："未利用原因代码"栏，对于可利用情况属于"近期难以利用"和"近期不宜进一步工作"的矿区，须填写原因，具体分类按"表 A.16.5.11 矿产未利用原因表"选择对应的类型代码填写。

注8："埋深"栏，按矿产资源储量数据库中矿体埋深或埋深范围填写。

注9："标高"栏，按矿产资源储量数据库中矿体标高或计算标高范围填写。

注10："行政区名称""行政区代码"栏，按实际清查情况填写。

注11：区域扩展代码填写新疆兵团、高新区等不在2020年底民政部发布的行政区划代码范围内的代码。

注12："中心点坐标"栏，按矿产资源储量数据库中经纬度坐标填写。

表 5-2-4　固体矿产资源资产清查基础情况扩展属性结构描述表

序号	字段名称	字段代码	字段类型	字段长度	小数位数	值域	约束条件	备注
1	行政区名称	XZQMC	Text	100			M	
2	行政区代码	XZQDM	Text	19			M	
3	矿区编码	KQBM	Text	9			M	
4	矿区名称	KQMC	Text	254			M	
5	矿产组合	KCZH	Text	10		本表注2	O	
6	矿种类型	KZLX	Text	10		本表注2	M	
7	矿产代码	KCDM	Text	10		本表注3	M	
8	矿产名称	KCMC	Text	30		本表注3	M	
9	矿石类型	KSLX	Text	10		本表注4	O	
10	矿石类型名称	KSLXMC	Text	30		本表注4	O	
11	矿石品级	KSPJ	Text	5		本表注4	O	
12	矿石品级名称	KSPJMC	Text	30		本表注4	O	
13	主要质量描述	ZYZLMS	Text	254		本表注4	O	
14	资源储量规模	ZYCLGM	Text	30		本表注5	M	
15	资源储量分类	ZYCLFL	Text	10		本表注5	M	
16	矿石量计量单位	KSLJLDW	Text	30		本表注5	O	
17	矿石量	KSL	Double	15	2	本表注5	O	
18	金属量计量单位	JSLJLDW	Text	30		本表注5	O	
19	金属量	JSL	Double	15	2	本表注5	O	
20	是否压覆	SFYF	Text	10		本表注6	M	

续表5-2-4

序号	字段名称	字段代码	字段类型	字段长度	小数位数	值域	约束条件	备注
21	压覆量	YFL	Double	15	2	本表注7	O	
22	清查价格	QCJG	Double	15	2	本表注8	M	单位：元
23	调整系数	TZXS	Double	15	2	本表注9	M	
24	区域扩展代码	QYKZDM	Text	19		本表注10	O	
25	备注	BZ	Text	254			O	
26	资产清查标识码（关联）	ZCQCBSM_GL					M	
27	经济价值	JJJZ	Double	15	6		M	单位：万元

表注：

注1：以矿区为清查单元。本表数据来源于矿产资源储量数据库。

注2："矿产组合""类型""矿产代码"栏，按矿产资源储量数据库中矿产组合填写。

注3："矿产代码""矿产名称"栏，按矿产资源储量数据库中矿产代码、矿产名称填写。

注4："矿石类型""矿石类型名称""矿石品级"栏，按矿产资源储量数据库中矿石类型、矿石品级、主矿种品位单位、主要矿种平均品位填写。

注5："资源储量规模""资源储量分类""矿石量计量单位""矿石量""金属量计量单位""金属量"栏，按矿产资源储量数据库中资源储量的"规模""矿石量计量单位""矿石量""金属量计量单位""金属量"填写，其中"数量"按矿产资源储量数据库中资源储量填写，如果有金属量和矿石量，则需要分行填列。

注6："是否压覆"栏，按矿产资源是否压覆填写："是"或"否"。

注7："压覆量"栏，按矿产资源储量数据库中压覆量填写。

注8："清查价格"栏，按矿产资源资产所在区域内清查价格填写，计量单位：元。

注9："调整系数"栏，矿种对应的地区调整系数。

注10：对于来源于矿产资源储量数据库、经核实需要修改的数据，请说明修改内容、理由或依据。区域扩展代码填写新疆兵团、高新区等不在2020年底民政部发布的行政区划代码范围内的代码。

表5-2-5　地热、矿泉水资源资产清查基础情况属性结构描述表

序号	字段名称	字段代码	字段类型	字段长度	小数位数	值域	约束条件	备注
1	资产清查标识码	ZCQCBSM	Text	22		本表注5	M	
2	要素代码	YSDM	Text	10			M	
3	行政区名称	XZQMC	Text	100		本表注17	M	

续表5-2-5

序号	字段名称	字段代码	字段类型	字段长度	小数位数	值域	约束条件	备注
4	行政区代码	XZQDM	Text	19		本表注17	M	
6	矿区(井田)、(井、孔)编码	KQBM	Text	23		本表注3	M	
7	矿区(井田)、(井、孔)名称	KQMC	Text	254		本表注4	M	
8	矿种类型	KZLX	Text	10		本表注6	M	
9	矿产代码	KCDM	Text	10		本表注7	M	
10	矿产名称	KCMC	Text	30		本表注7	M	
11	质量描述	ZLMS	Text	254		本表注8	O	
12	规模	GM	Text	10		本表注9	O	
13	工作程度	GZCD	Text	10		本表注9	O	
14	资源动用量计量单位	ZYDYLJLDW	Text	30		本表注10	M	
15	资源动用量数量	ZYDYLSL	Double	15	2	本表注10	M	
16	出让年限	CRNX	Text	4			M	
17	开采技术条件	KCJSTJ	Text	50		本表注11	O	
18	是否压覆	SFYF	Text	10		本表注12	M	
19	划入生态保护红线资源动用量	STBHHXDYL	Double	15	2	本表注13	O	
20	划入自然保护地核心区资源动用量	BHDHXQDYL	Double	15	2	本表注14	O	
21	清查价格	QCJG	Double	15	2	本表注15	M	单位：元
22	调整系数	TZXS	Double	15	2	本表注16	M	
23	经济价值	JJJZ	Double	15	6		M	单位：万元
24	区域扩展代码	QYKZDM	Text	19		本表注18	O	
25	备注	BZ	Text	254			O	

表注：

注1：以矿区(井田)、(井、孔)为清查单元。

注2：本表数据来源于矿业权统一配号系统。

注3："矿区(井田)、(井、孔)编码"栏，按矿业权统一配号系统中矿区编码填写。

注4："矿区(井田)、(井、孔)名称"栏，按矿业权统一配号系统中矿区名称填写。

注5："资产清查标识码"栏，按照清查数据成果汇交规范清查标识码编制规则编制。

注6："矿种类型"栏，按矿业权统一配号系统中地热、矿泉水类型填写（按矿业权一配号系统）。

注7："矿产代码""矿产名称"栏，按矿业权统一配号系统中矿产代码、矿产名称填写。

注8："质量描述"栏，按矿业权统一配号系统中质量描述填写。

注9："规模""工作程度"栏，按矿业权统一配号系统中规模或工作程度填写。

注10："资源动用量计量单位""资源动用量数量"栏，按矿业权统一配号系统中允许开采量填写。

注11："开采技术条件"栏，按矿业权统一配号系统中开采技术条件填写。

注12："是否压覆"栏，按矿产资源是否压覆填写："是"或"否"。

注13："划入生态保护红线资源动用量"栏，按实际情况填写。

注14："划入自然保护地核心区资源动用量"栏，按实际情况填写。

注15："清查价格"栏，按单位管理的区域内清查价格填写，计量单位：元。

注16："调整系数"栏，地热、矿泉水资源对应的基准价综合调整系数。

注17："行政区名称""行政区代码"栏，按实际清查情况填写。

注18：区域扩展代码填写新疆兵团、高新区等不在2020年底民政部发布的行政区划代码范围内的代码。

四、经济价值估算

将各矿种各类型矿产资源清查价格标准与相应的实物量相乘，得出该矿种各类型矿产资源资产清查经济价值，合计得出该矿种资产清查经济价值。

（一）价值属性映射

根据矿产资源价格体系建设成果，将矿产资源资产价值属性信息按照空间、矿种、矿石类型、矿石品级（品位）、地区调整系数、伴生矿调整系数等属性对应性挂接到各对应的矿产资源资产要素中。

（二）价值估算

1.固体矿产资源资产

（1）单一、主、共生矿

固体矿产资源资产价值估算公式：

$$V_1 = Q_1 \times P_1 \times A_1$$

式中：V_1 为资产价值；Q_1 为固体矿产主、共生矿种储量；P_1 为固体矿产资产价格；A_1 为地区调整系数（如无地区调整系数，则取值为1）。

（2）伴生矿

固体矿产伴生矿资产价值估算公式：

$$V_2 = Q_2 \times P_2 \times A_2 \times a$$

式中：V_2 为伴生矿资产价值；Q_2 为固体矿产伴生矿种储量（如不是伴生矿，则取值为 1）；P_2 为固体矿产资产价格；A_2 为地区调整系数（如无地区调整系数，则取值为 1）；a 为伴生资源打折系数。

各矿产伴生资源打折系数，可采用专家咨询法，结合历史数据综合考虑。

注：湖南省进行 2020 年度矿产资源资产摸底清查经济价值估算时，因未设定伴生资源打折系数，伴生矿计算方法与单一、主、共生矿一致。湖南省进行 2021 年度矿产资源资产摸底清查经济价值估算时，根据要求，将伴生资源打折系数设为 0.7。

2. 地热、矿泉水资源资产

地热、矿泉水资源资产价值估算公式：

$$V_3 = Q_3 \times P_3 \times A_3 \times T$$

式中：V_3 为资产价值；Q_3 为允许开采量（热能/电能）；P_3 为地热、矿泉水资源资产价格；A_3 为地区调整系数（如无地区调整系数，则取值为 1）；T 为已取得采矿许可证的出让年限，尚未取得的出让年限统一为 10 年。

（三）价值汇总

矿产资源资产清查经济价值汇总公式：

$$V_a = \sum_{i=1}^{n} V_i$$

式中：V_a 为所有矿产资源资产清查价值（不含资源税）；n 为估算涉及的矿产的数量；V_i 为第 i 种矿产的经济价值。

第三节　摸底清查工作概况

一、工作开展情况

（一）工作组织

此次采用省级统筹实施、市县配合的工作机制，由省自然资源厅会同省直相关单位统一组织，湖南省地质调查所为项目牵头单位，负责技术统筹和具体实施工作，市县自然资源及有关部门配合提供和采集相关基础资料。

湖南省地质调查所承担湖南省矿产资源资产摸底清查试点工作，抽调技术骨干组建清查项目组，同时配备相关内业工作技术组、外业调查组、质量控制组、后勤组等。负责开展矿产资源资产资料收集、实物量清查、价格体系建设价值量估算及数据库建设等具体工作，拟定数据处理方案及操作细则，开展矿产资源资产摸底清查试点工作。

（二）工作实施情况

项目工作时间为 2022 年 1 月至 2023 年 12 月，具体工作实施情况如下：

2022 年 1—5 月，组建湖南省矿产资源资产清查试点工作小组，组织召开工作会议和研讨会，明确工作规范和技术要求。编制《湖南省全民所有自然资源资产清查及全民所有自然资源资产平衡表编制试点实施方案》，印发《关于开展湖南省全民所有自然资源资产清查及全民所有自然资源资产平衡表编制试点工作的通知》，研究制定 2020 年度湖南省矿产资源资产摸底清查技术方案，以保障摸底清查工作能够顺利开展。

2022 年 6—7 月，根据技术方案，研究确定 2020 年度湖南省矿产资源资产摸底清查资料收集清单；按照试点地区的资源禀赋，协调省市县相关部门获取所需资料；对收集资料进行规范化、电子化整理，制作全省矿产资源资产摸底清查的底图。

2022 年 8—9 月，通过分析整理湖南省矿产资源资产实物属性信息基础数据资料，对数据进行信息提取与清理。开展全省省级负责矿业权出让、登记的 22 个矿种和湖南省 8 个优势矿种的实物量信息清查工作。

2022 年 9—10 月，依据矿产资源资产清查省级价格体系，基于实物属性和价值属性，对实物数量与清查价格进行空间和类别匹配后，初步估算矿产资源资产经济价值。

2022 年 11—12 月，将 2020 年度湖南省矿产资源资产摸底清查的初步成果进行汇总，填报数据报表，对成果数据开展省级核查，根据核查结果将成果数据修改完善。

2023 年 1—5 月，根据最新版《技术指南 2023》，研究制定 2021 年度湖南省矿产资源资产摸底清查技术方案。

2023 年 6—7 月，研究确定 2021 年度湖南省矿产资源资产摸底清查资料收集清单；按照试点地区的资源禀赋，协调省市县相关部门获取所需资料；对收集资料进行规范化、电子化整理，制作全省矿产资源资产摸底清查的底图。

2023 年 8—9 月，通过分析整理湖南省矿产资源资产实物属性信息基础数据资料，对数据进行信息提取与清理。开展全省省级负责矿业权出让、登记的 22 个矿种和湖南省 8 个优势矿种的实物量信息清查工作。

2023 年 9—10 月，依据矿产资源资产清查省级价格体系，基于实物属性和价值属性，对实物数量与清查价格进行空间和类别匹配后，初步估算矿产资源资产经济价值。

2023 年 11—12 月，将 2021 年度湖南省矿产资源资产摸底清查的初步成果进行汇总，填报数据报表，对成果数据开展省级核查，根据核查结果将成果数据修改完善。

二、保障措施

(一) 组织保障

湖南省自然资源厅清查试点工作领导小组组长由厅长担任，副组长由分管副厅长担任，领导小组成员由省自然资源厅相关处室局、相关单位的主要负责同志担任。清查试点工作领导小组下设办公室，作为清查试点工作组织协调机构，办公室设在厅权益处，成员由相关技术单位的负责同志组成。

(二) 技术保障

省级层面建立清查试点专家咨询机制，组建由湖南省地质调查所作为技术牵头单位、湖南省自然资源事务中心等 7 家单位共同承担的技术团队，组织开展业务技术培训，明确工作规范和技术要求，编制试点实施方案，开展试点地区全民所有自然资源资产清查工作。对清查试点各阶段成果进行论证，提高清查核算的科学性、合理性。

(三) 质量保障

1.建立清查内部质量控制机制

技术承担单位建立了完善内部质量控制制度，组建数据质检组专门负责清查成果的检查及核查，并按照工作流程和技术路线制定详细的质检方案，要求将清查工作分为不同阶段，每一阶段成果经过检查合格后方转入下一阶段，避免将错误带入下阶段工作，保证成果质量。

2.建立清查成果分级核查制度

为了保证湖南省全民所有自然资源资产摸底清查结果的真实性和准确性，采取自检、预检、省级核查的质量分级控制制度。

自检是清查工作过程质量检查，预检是清查成果生成后的质量检查，自检、预检由清查项目承接单位组织，负责单位内部清查成果质量检查，检查合格后将成果汇总上报省级自然资源主管部门，由省级自然资源主管部门组织专家验收。

省级核查由省级自然资源主管部门组织，负责本省各地市级单位清查成果质量检查，编制省级质量检查报告，并对试点情况进行总结，形成试点成果并上报省自然资源厅。

（四）安全保障

严格执行保密有关规定，对从事项目工作所获得的资料及成果进行严格保密，建立健全的数据、成果安全保密制度，确保项目原始数据和成果数据存储及访问的安全性。未经项目组织方同意，不以任何方式、理由向第三者披露或提供信息，也不用于其他任何目的，相关成果仅用于资产清查工作。

三、工作完成情况

本次工作严格按照《湖南省全民所有自然资源资产清查及全民所有自然资源资产平衡表编制试点实施方案》和《湖南省全民所有自然资源资产清查及全民所有自然资源资产平衡表编制试点技术方案》要求，收集了资产摸底清查涉及的基础数据，完成了湖南省矿产资源资产实物量清查，初步估算了湖南省矿产资源资产经济价值，汇总分析了湖南省矿产资源资产摸底清查成果，基本完成了设计的主要任务。

（一）基础资料收集与整理

湖南省矿产资源资产清查涉及的各类基础数据主要由省自然资源厅统一组织收集，部分专题数据由技术承担单位组织技术人员，前往各自然资源主管部门进行调查和收集，对基础资料按类型进行检查和整理后，归类成档案。

(二)实物量清查

完成了湖南省 14 个地市 2020 年度和 2021 年度矿产资源资产实物量清查工作，初步摸清湖南省全民所有自然资源实物量。

(三)经济价值估算

以资产清查省级价格体系为依据，完成了湖南省 14 个地市 2020 年度和 2021 年度矿产资源资产经济价值估算工作，初步摸清湖南省全民所有自然资源资产经济价值。

(四)成果汇总

汇总分析了 2020 年度和 2021 年度湖南省全民所有自然资源资产摸底清查成果，编制了《湖南省矿产资源资产摸底清查工作报告》。

四、成果质量控制

(一)核查方式

为了保证湖南省矿产资源资产清查结果的真实性和准确性，采取自检、预检和省级核查的质量分级控制制度。自检是清查工作过程质量检查，预检是清查成果生成后的质量检查，自检、预检由清查项目承接单位组织，负责单位内部清查成果质量检查。省级核查由省级自然资源主管部门组织，负责本省清查成果质量检查。

(二)核查方法和内容

以内业比对的方式，对资产摸底清查数据进行检查，将检查发现的问题反馈给清查技术人员。检查内容包括估算基础资料的适用性、估算过程的科学性与规范性、估算成果的正确性与完整性，详见表 5-3-1。

表 5-3-1 矿产资源资产摸底清查成果核查内容

数据	质量子元素	检查内容
清查矢量数据	坐标系统符合性	坐标系统选择的合理性、坐标系统使用的正确性
	属性数据	要素属性描述的准确性
	逻辑一致性	数据集中变化的子图斑与原图斑之间的逻辑关系、属性继承关系、面积衔接关系等内容的正确性与一致性
	完整性	数据覆盖范围、要素有无遗漏，各数据层属性的完整性
	格式一致性	数据归类、数据文件、数据格式
汇总数据	完整性	数据覆盖范围、记录等是否存在多余、重叠及遗漏
	逻辑一致性	汇总表表内数据逻辑、表间汇总逻辑，以及表格汇总面积和数据库汇总面积的一致性
成果报告	完整性	文字表达、数据正确性，内容完整性

（三）核查结果

湖南省矿产资源资产摸底清查数据成果严格按自检、预检、省级核查要求，进行了检查，根据自检、预检、省级核查结果，对数据进行完善修改，摸底清查数据成果合格。

第四节 摸底清查成果说明

一、实物量清查

本次湖南省矿产资源资产摸底清查规定清查的 30 个矿种中，2020 年度和 2021 年度湖南省矿产资源储量数据库中湖南省涉及 24 个矿种，分别为：煤炭、石煤、地热、铁、锰、铜、铅、锌、铝、镍、金、银、铌、钽、普通萤石、硫、芒硝、重晶石、盐矿、磷、石墨、石膏、玻璃用白云岩、矿泉水，均为省级发证矿种。共清查矿区 852 个。

湖南省矿产资源资产实物量详见表 5-4-1。

表 5-4-1　湖南省矿产资源资产实物量一览表

矿产名称	储量单位	2020 年度保有储量	2021 年度保有储量
煤炭	亿吨	4.86	4.88
石煤	亿吨·矿石	6.00	4.34
地下热水	万立方米/年	561.32	417.36
铁矿	亿吨·矿石	1.66	1.66
锰矿	亿吨·矿石	0.16	0.16
铜矿	万吨·金属	9.84	15.11
铅矿	万吨·金属	51.20	47.77
锌矿	万吨·金属	75.81	62.14
铝土矿	亿吨·矿石	0.02	0.02
镍矿	万吨·金属	0.32	0.32
金矿	吨·金属	76.67	71.57
银矿	万吨·金属	0.17	0.16
铌矿	万吨·氧化物	0.12	0.12
钽矿	万吨·氧化物	0.12	0.12
普通萤石	亿吨·矿物	0.09	0.09
硫铁矿	亿吨·矿石	0.18	0.16
芒硝	亿吨·矿物	1.20	0.88
重晶石	亿吨·矿石	0.08	0.08
盐矿	亿吨·矿物	2.14	2.06
磷矿	亿吨·矿石	0.12	0.29
石墨	亿吨·矿石	0.02	0.02
石膏	亿吨·矿石	1.78	1.68
玻璃用白云岩	亿吨·矿石	0.36	0.50
矿泉水	万立方米/年	461.96	282.37

二、经济价值估算

（一）总体情况

经估算，2020 年度，湖南省各矿种矿产资源资产经济价值百分比由高到低依次为：煤炭（43.84%）、普通萤石（11.93%、芒硝（9.77%）、盐矿（9.61%）、铁矿（6.85%）、石膏（5.47%）、金矿（3.90%）、锌矿（1.67%）、铅矿（1.37%）、银矿（1.17%）、锰矿（1.03%）、铜矿（0.72%）、硫铁矿（0.58%）、重晶石（0.48%）、磷矿（0.34%）、石墨（0.33%）、矿泉水（0.28%）、地下热水（0.27%）、铝土矿（0.17%）、钽矿（0.09%）、铌矿（0.07%）、镍矿（0.03%）。其中石煤、玻璃用白云岩因无清查价格，其经济价值无法计算。

经估算，2021 年度，湖南省各矿种矿产资源资产经济价值百分比由高到低依次为：煤炭（47.14%）、普通萤石（11.94%）、盐矿（9.84%）、芒硝（6.89%）、铁矿（6.18%）、石膏（5.49%）、金矿（3.54%）、铅矿（1.32%）、锌矿（1.32%）、锰矿（1.11%）、磷矿（1.02%）、铜矿（0.97%）、银矿（0.78%）、重晶石（0.50%）、硫铁矿（0.50%）、石墨（0.38%）、地下热水（0.36%）、矿泉水（0.35%）、铝土矿（0.18%）、钽矿（0.09%）、铌矿（0.08%）、镍矿（0.04%）。其中石煤、玻璃用白云岩因无清查价格，其经济价值无法计算。

从以上数据可以分析出，湖南省矿产资源资产以能源矿产为主，其次为非金属矿产，再次为金属矿产，水气矿产较少。省域内能源矿产主要为煤炭，其 2020 年度和 2021 年度经济价值占比分别达 43.84% 和 47.14%，为湖南省优势矿产资源资产。省域内非金属矿产种类较多，主要为普通萤石、盐矿、芒硝、石膏，其 2020 年度和 2021 年度经济价值占比均为 5% 以上，亦是湖南省优势矿产资源资产。省域内金属矿产种类较多，主要为铁矿、金矿、铅矿、锌矿、锰矿。

湖南省各矿种矿产资源资产经济价值估算结果见图 5-4-1。

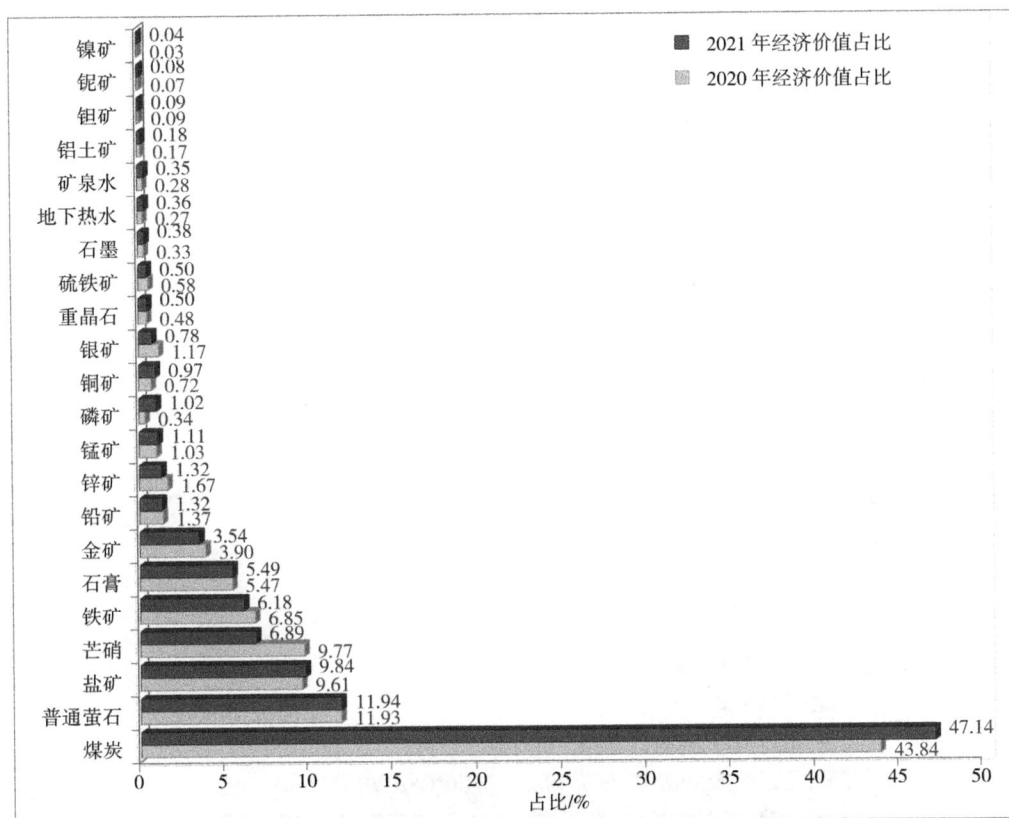

图 5-4-1　湖南省各矿种矿产资源资产经济价值估算结果

(二) 分布情况

经估算, 2020 年度, 湖南省各市州矿产资源资产经济价值百分比由高到低依次为: 衡阳(29.52%)、郴州(20.20%)、娄底(18.21%)、常德(8.82%)、株洲(5.61%)、岳阳(5.36%)、邵阳(4.95%)、怀化(1.74%)、长沙(1.58%)、湘西(1.23%)、张家界(1.01%)、益阳(0.65%)、湘潭(0.61%)、永州(0.51%)。

经估算, 2021 年度, 湖南省各市州矿产资源资产经济价值百分比由高到低依次为: 衡阳(31.26%)、郴州(23.66%)、娄底(18.17%)、株洲(6.16%)、常德(5.74%)、邵阳(4.96%)、岳阳(2.35%)、怀化(1.85%)、长沙(1.54%)、湘西(1.31%)、张家界(1.08%)、益阳(0.78%)、湘潭(0.65%)、永州(0.51%)。

从以上数据可以分析出，湖南省矿产资源资产主要分布在衡阳、郴州、娄底，三市 2020、2021 年度总经济价值占比约 70%；其次分布在常德、株洲、岳阳、邵阳，四市 2020、2021 年度总经济价值占比约 20%；少量分布在怀化、长沙、湘西、张家界、益阳、湘潭、永州，七市 2020、2021 年度总经济价值占比约 7%。我省矿产资源资产分布极不均匀。

湖南省各市州矿产资源经济价值估算结果见图 5-4-2。

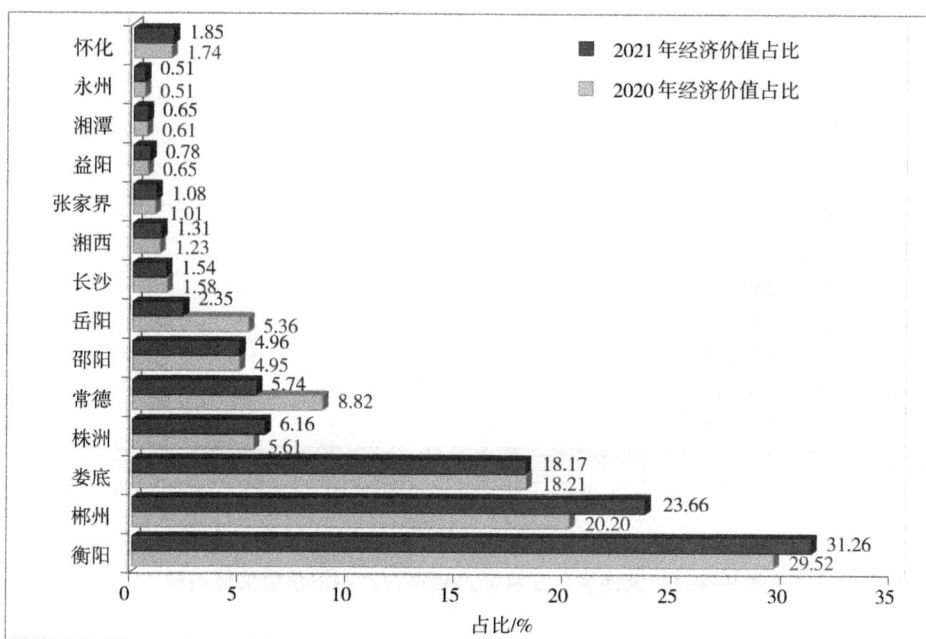

图 5-4-2　湖南省各市州矿产资源资产经济价值估算结果

三、资产年度变化情况

(一)储量变化情况

经统计分析，2021 年度与 2020 年度相比，湖南省各矿种矿产资源资产储量变化量百分比由高到低依次为：磷矿(148.34%)、铜矿(53.53%)、玻璃用白云岩(37.86%)、石墨(8.89%)、煤炭(0.46%)、钽矿(0%)、铝土矿(0%)、镍矿(0%)、铌矿(0%)、铁矿(-0.01%)、锰矿(-0.54%)、重晶石(-0.84%)、盐矿

（-3.97%）、普通萤石（-4.24%）、石膏（-5.95%）、金矿（-6.66%）、铅矿（-6.70%）、银矿（-9.30%）、硫铁矿（-10.56%）、锌矿（-18.04%）、地下热水（-25.65%）、芒硝（-26.67%）、石煤（-27.70%）、矿泉水（-38.87%）。储量增加的矿产仅5种，分别为：磷矿、铜矿、玻璃用白云岩、石墨、煤炭，其中增幅超10%的矿产有3种，分别为：磷矿、铁矿、玻璃用白云岩。储量减少的矿产达15种，分别为：铁矿、锰矿、重晶石、盐矿、普通萤石、石膏、金矿、铅矿、银矿、硫铁矿、锌矿、地下热水、芒硝、石煤、矿泉水；其中减幅超10%的矿产有6种，分别为：硫铁矿、锌矿、地下热水、芒硝、石煤、矿泉水。

从以上数据可以分析出，湖南省矿产资源资产储量增加的矿种数量明显少于储量减少的矿种数量，并且矿产资源资产经济价值占比较大的芒硝、石膏、普通萤石、盐矿等矿种储量减幅较为明显。2021年度湖南省矿产资源资产储量与上年度相比，总体呈减少趋势。

经核实，固体矿产资源资产储量变化主要由储量重算增减引起。如：磷矿2021年度储量重算增加0.12亿吨·矿石，占2021年度储量增量的70%；铜矿2021年度储量重算增加5.13万吨·金属，占2021年度储量增量的97%；芒硝2021年度储量重算减少0.32亿吨·矿物，占2021年度储量减量的100%；石煤2021年度储量重算减少1.66亿吨·矿石，占2021年度储量减量的100%。

水气矿产资源资产储量变化主要由清查技术方法改变引起。2020年度地热、矿泉水清查数据来源以矿业权统一配号系统为主，并参考矿山开发利用数据库管理系统。2021年度地热、矿泉水清查数据来源于矿产资源储量数据库管理系统，实物量清查对象为允许开采量。两年度数据来源不同，因此储量存在较大的差异。

湖南省各矿种矿产资源资产储量变化情况见图5-4-3。

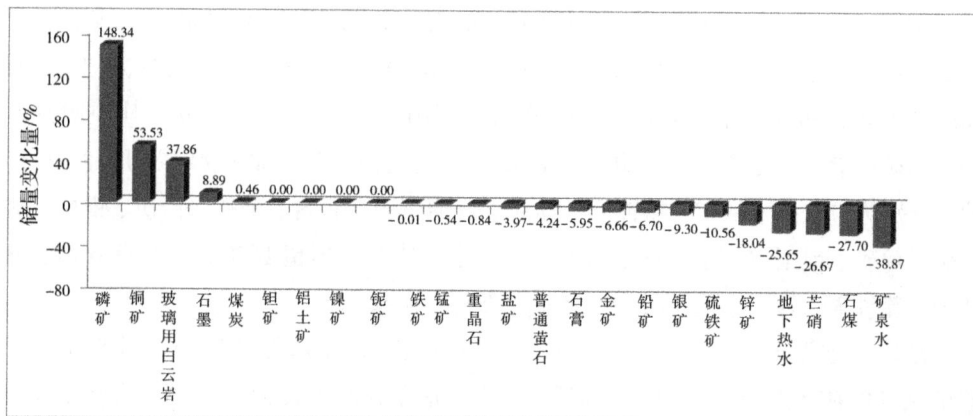

图 5-4-3　湖南省各矿种矿产资源资产储量变化情况

（二）经济价值变化情况

1. 各矿种经济价值变化情况

经统计分析，2021 年度与 2020 年度相比，湖南省矿产资源资产总经济价值减少 5.85%。各矿种经济价值变化量百分比由高到低依次为：磷矿（177.95%）、铜矿（25.57%）、地下热水（25.20%）、矿泉水（15.75%）、石墨（7.61%）、锰矿（1.46%）、煤炭（1.22%）、镍矿（0%）、铝土矿（0%）、钽矿（-0.05%）、铌矿（-0.10%）、重晶石（-1.94%）、盐矿（-3.65%）、石膏（-5.54%）、普通萤石（-5.79%）、铅矿（-8.91%）、金矿（-14.58%）、铁矿（-14.97%）、硫铁矿（-20.00%）、锌矿（-25.66%）、芒硝（-33.63%）、银矿（-37.18%）。经济价值增加的矿产有 7 种，分别为：磷矿、铜矿、地下热水、矿泉水、石墨、锰矿、煤炭；其中增幅超 10% 的矿产有 4 种，分别为：磷矿、铜矿、地下热水、矿泉水。经济价值减少的矿产有 13 种，分别为：钽矿、铌矿、重晶石、盐矿、石膏、普通萤石、铅矿、金矿、铁矿、硫铁矿、锌矿、芒硝、银矿；其中减幅超 10% 的矿产有 6 种，分别为：金矿、铁矿、硫铁矿、锌矿、芒硝、银矿。

从以上数据可以分析出，湖南省矿产资源资产经济价值增加的矿种数量明显少于储量减少的矿种数量，并且矿产资源资产经济价值占比较大的芒硝、铁矿、金矿、普通萤石、石膏、盐矿等矿种经济价值减幅较为明显。2021 年度湖南省矿产资源资产经济总价值与上年度相比减少 5.85%，减幅较明显。

经核实，固体矿产资源资产经济价值变化主要由储量变化引起。如磷矿、石墨、煤炭、重晶石、盐矿、石膏、普通萤石、铅矿、锌矿、芒硝等矿种储量变化与经济价值变化基本一致。

部分固体矿产资源资产经济价值变化由清查技术方法改变引起，如铜矿、金矿、硫铁矿、银矿，由于 2020 年度矿产资源资产摸底清查经济价值估算时，未设定伴生资源打折系数，而 2021 年度矿产资源资产摸底清查经济价值估算时伴生资源打折系数设为 0.7，且以上矿种伴生资源占比较大，因此对经济价值变化影响加大。

水气矿产资源资产储量变化主要由清查技术方法改变引起。2020 年度地下热水、矿泉水清查数据来源以矿业权统一配号系统为主，并参考矿山开发利用数据库管理系统。2021 年度地热、矿泉水清查数据来源于矿产资源储量数据库管理系统。两个年度数据来源不同，因此经济价值存在较大的差异。

湖南省各矿种矿产资源资产经济价值变化情况见图 5-4-4。

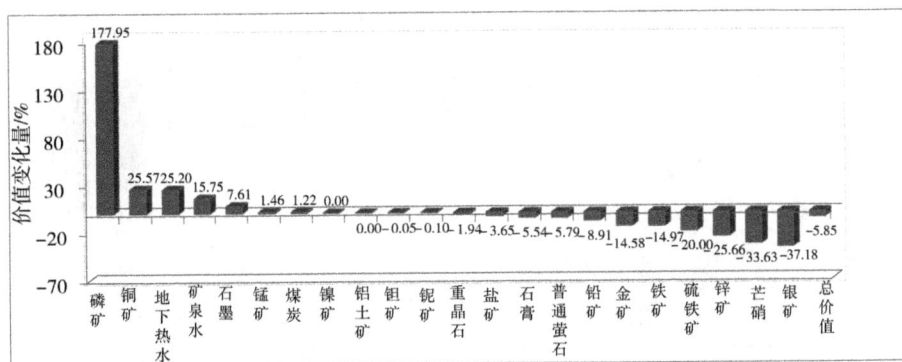

图 5-4-4　湖南省各矿种矿产资源资产经济价值变化情况

2. 各市州经济价值变化情况

经统计分析，2021 年度与 2020 年度相比，湖南省各市州矿产资源资产经济价值变化量百分比由高到低依次为：益阳（12.94%）、郴州（10.28%）、株洲（3.38%）、张家界（0.28%）、怀化（0.11%）、湘潭（0.00%）、衡阳（-0.32%）、湘西（-0.35%）、邵阳（-5.60%）、永州（-5.72%）、娄底（-6.05%）、长沙（-8.30%）、常德（-38.73%）、岳阳（-58.77%）。经济价值增加的市州有 5 个，分别为：益阳、郴州、株洲、张家界、怀化；其中增幅超 10% 的市州有 2 个，分别为：益阳、郴州。经济价值减少的市州有 8 个，分别为：衡阳、湘西、邵阳、永州、娄底、长沙、常德、岳阳；其中减幅超 10% 的市州有 2 个，分别为：常德、岳阳。

从以上数据可以分析出，湖南省矿产资源资产经济价值增加的市州数量明显少于储量减少的市州数量，并且矿产资源资产经济价值占比较大的岳阳、常德、娄底、邵阳等市经济价值减幅较为明显。其中岳阳市减幅达 58.77%，常德市减幅达 38.73%。

经核实，岳阳、常德两市矿产资源资产经济价值变化主要由境内矿产资源资产储量变化引起。如：岳阳境内铅、锌、银、萤石等优势矿种矿产资源资产储量年度降幅分别为 77.97%、75.98%、99.66%、64.03%；常德境内芒硝、盐矿等优势矿种矿产资源资产储量年度降幅分别为 87.87%、34.95%。而这些矿产资源资产储量变化主要由储量重算增减引起。

湖南省各市州矿产资源资产经济价值变化情况见图 5-4-5。

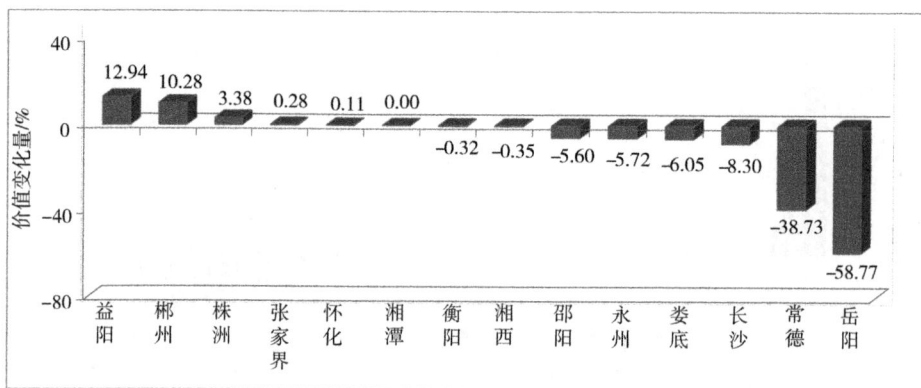

图 5-4-5　湖南省各市州矿产资源资产经济价值变化情况

第五节　摸底清查工作总结

一、工作成果

在省级价格体系的基础上，基本完成 2020 年度和 2021 年度湖南省矿产资源资产实物量清查和经济价值估算工作，初步摸清了 2020 年度和 2021 年度湖南省全民所有自然资源资产家底。矿产资源资产摸底清查工作充分结合了湖南省管理实际。分析对比两年度矿产资源资产摸底清查成果，有助于了解湖南省矿产资源资产变化情况及变化原因，以及不同清查技术方法对清查结果的影响，有助于进一步优化完善全民所有自然资源资产清查技术规范和报表体系，为开展全面资产清查、自然资源管理和政府决策提供了重要依据。

二、存在的问题和建议

(一)存在的问题

1. 简化了技术方法，数据精度有所降低

矿产资源资产摸底清查工作是为快速了解湖南省矿产资源资产家底，解决湖南省矿产资源资产家底数据"从无到有"的问题而开展的一项工作，因此，在清查过程中，简化了部分工作的技术方法，经济价值估算精度有所降低。虽然摸底清查成果数据的精度有所降低，但依然能反映湖南省矿产资源资产总体情况。

2. 清查方法未统一，年度数据有所差异

本次摸底清查工作，两年度的清查方法主要分别参照《技术指南 2022》和《技术指南 2023》开展，两者的清查技术方法存在一定差异，因而会对清查成果数据产生一定程度的影响，致使两年度数据对比差异的直观性有所降低。

(二)建议

1. 建立资产清查年度更新机制

本次摸底清查工作，虽然各年度清查方法不统一，但在一定程度上与矿产资源资产清查年度更新工作存在相似性。伴随资产清查工作的全面铺开，资产清查成果年度更新也将成为常态，因此，建立一套完善的资产清查年度更新机制迫在眉睫。

2. 优化资产清查统计指标设定

矿产资源资产清查成果年度更新工作开展后，年度数据变化情况将成为人们关注的重点，而为深入了解年度数据变化的成因，建议进一步优化资产清查统计指标，强化资产清查成果分析手段。如增加采损量、勘查增减、重算增减等储量

变化指标的清查。

三、经验总结

(一)简化工作手段，快速了解资产家底

本次矿产资源资产摸底清查工作，通过简化矿产资源资产清查工作手段，以最低经费的投入、最短的工作时间、最合理的技术方法、最高的工作成效，快速摸清了 2020 年度和 2021 年度湖南省矿产资源资产家底。

(二)强化数据分析，剖析资产变化情况

本次矿产资源资产摸底清查加强了对清查成果数据的分析工作。根据两年度矿产资源资产摸底清查数据成果，结合了湖南省管理实际，深入剖析了湖南省矿产资源资产变化情况及变化原因，有助于进一步了解湖南省矿产资源资产现状，以及不同清查技术方法对清查结果的影响。其促使全民所有自然资源资产清查技术规范和报表体系进一步优化完善，为开展全面资产清查、自然资源管理和政府决策夯实了数据基础。

第六章 结　语

党的十八届三中全会提出建立统一行使全民所有自然资源资产所有权人职责的体制以来，随着全民所有自然资产统计核算工作的逐步推进、全民所有自然资源资产委托代理工作的开展，以及国有自然资源资产报告编制工作的深化，全民所有自然资源资产清查工作对全民所有自然资源资产权益管理工作的支撑作用愈显重要。矿产资源资产清查作为全民所有自然资源资产清查的重要内容，经过多轮试点工作实践后，相关工作已取得显著进展，技术标准与体系也已基本建立并逐步完善，同时工作中的一些问题也逐步凸显。下一步，还需坚持目标和问题导向，不断夯实清查工作相关基础。

第一节　强化清查工作机制

科学的组织模式、精干的技术队伍、高效的沟通机制是矿产资源资产清查工作的重要基础。湖南省矿产资源资产清查三批试点和摸底清查工作均采用省级统筹实施、市县配合的工作机制。由湖南省自然资源厅牵头，会同省直相关单位统一组织，成立了清查工作领导小组，并在湖南省自然资源厅所有者权益处设立办公室，作为清查试点工作组织协调机构。湖南省地质调查所为技术支撑单位，组建了清查专家组和项目组，分别负责总体技术指导和具体实施工作。市县有关部门和矿山企业协助实施单位收集清查工作相关基础材料，保障资产清查工作顺利开展。多轮实践探索的经验证明，省级统筹的工作机制为湖南省矿产资源资产清查三批试点和摸底清查提供了组织、技术、质量及经费保障，为顺利推进、高效开展、圆满完成清查试点工作奠定了基础。但在实际工作过程中，也因清查工作涉及部门多、基层参与少，而存在数据统筹、协助配合等方面的困难，这对清查试点工作的推进效率及成果质量造成了一定的影响。为更好地开展全面资产清查工作，应进一步强化资产清查工作机制。

一是统筹建立资料收集机制。矿产资源资产清查工作涉及各类自然资源专项调查数据，数据涉及范围广、部门多、过程繁琐，建议由国家和省级牵头，统筹建立长期的清查工作相关资料收集机制，提高清查工作效率。

二是落实县级工作责任。矿产资源资产清查工作全面开展时，为充分发挥县级自然资源主管部门资料基础优势，建议基础数据收集、价格信号采集等工作由县级承担；县级自然资源主管部门要参考省级建立资产清查工作组，为全省全民所有资产清查工作顺利推进提供有力的组织保障。

三是完善信息沟通机制。矿产资源资产清查的实施离不开各级相关部门的参与，信息沟通机制的完善有助于及时了解和把握工作进度、发现和解决有关问题、指导和掌控工作方向，从而提高工作的质量和效率，尤其是市县级的信息沟通机制的贯通，是全民所有自然资源资产清查顺利开展的重要保障。

第二节　完善清查技术方法

合理的清查指标、完善的价格体系、明晰的使用权状况是矿产资源资产清查工作的突出难题。湖南省矿产资源资产清查三批试点和摸底清查工作在实践过程中不断创新工作思路、优化技术方法、完善清查成果，逐步明确了矿产资源资产清查范围、清查内容和清查单元等基本要求，制定了矿产资源资产清查技术流程，确定了矿产资源资产实物量清查属性信息指标，统一了矿产资源资产清查价格体系内涵，完善了矿产资源资产经济价值核算方法，基本建立了矿产资源资产清查技术标准体系。但在实际工作过程中，依然存在清查数据基础薄弱、价格体系建设不够完善、所有者职责履职主体清查缺乏实践验证等问题，这对清查试点成果的有效性、全面性和准确性造成了一定的影响。为确保全面资产清查工作的权威性，应进一步完善清查技术方法。

一是强化清查数据基础。矿产资源资产实物量清查方面的问题主要体现在基础数据薄弱、标准不统一和清查指标不全。实物量清查工作底图以矿产资源储量数据库为准，但其基础数据存在信息不完整或者错误等问题，而相关资料因年代久远多已遗失，致使实物量清查不能获得完整的信息。我国矿产资源各项数据管理制度和调查方法、统计标准不统一，致使矿产资源储量数据库与矿产资源国情调查、矿业权统一配号系统等其他行政管理数据之间存在一定差异。实物量清查信息属性指标只清查了保有储量数据，而未清查年度数据变化情况，因此无法进一步深入了解年度数据变化的成因。针对以上问题，湖南省已开展了矿产资源储量数据库与矿产资源国情调查数据库的对接工作，矿产资源储量数据库数据基础和其他行政管理数据衔接的问题已基本完善。建议进一步优化资产清查信息属性指标，增加采损量、勘查增减、重算增减等储量变化指标的清查，强化矿产资源资产清查数据基础，推动解决"底数不清"等自然资源管理突出问题。

二是优化清查价格体系。矿产资源资产清查价格体系方面的问题主要体现在清查价格不全面、价格信号数据少和更新机制待明晰。伴随着矿产资源资产清查工作的全面展开，清查范围将覆盖全部有储量的矿种，目前只建立了试点范围内的矿产资源资产清查价格体系，将无法满足清查工作要求。湖南省现存生产矿山数量总体偏少，且部分生产矿山由于各种原因未能正常生产，矿山产量、销售量过低，数据无法利用，致使湖南省各矿种价格信号样点偏少、甚至缺失，从而影响矿产资源资产价格测算。矿产资源资产清查价格体系的现势性是清查成果的有效性的重要基础，我国矿产资源市场价格变化显著，如果价格体系成果不及时更新，将影响清查成果的准确性。针对以上问题，自然资源部计划将在2024—2025年开展无清查价格矿种的价格体系建设和已有清查价格矿种的价格体系更新工作。虽然相关工作已经部署，但价格信号样点不足的矿种清查价格如何测算、矿产资源资产清查价格体系如何更新还未明确，相关测算方法和价格体系更新制度亟须研究和建立，以促进建立健全资产清查制度。

三是深化履职主体清查。矿产资源资产所有者职责在履职主体清查方面的问题主要体现在履职主体不明晰、工作经验不充足。全民所有自然资源资产使用权委托代理试点工作已圆满完成，但各级政府代理履行全民所有自然资源资产所有者职责的自然资源清单尚未正式确定，致使矿产资源资产所有者职责履职主体尚不明晰。全民所有自然资源资产清查深化试点工作中湖南省矿产资源资产清查试点并未开展所有者职责履职主体清查试点工作，致使相关工作缺乏实践验证，而无法及时发现问题并展开深入研究。针对以上问题，自然资源部计划在 2024—2025 年开展自然资源清单编制和矿产资源使用权状况清查工作，将明确矿产资源资产所有者职责履职主体，并在实际工作积累工作经验，落实矿产资源资产的所有者职责，加强矿产资源资产管理。

第三节　加强成果分析应用

　　全面的监管平台、准确的信息分析、合理的应用途径是矿产资源资产清查工作的根本方向。试点初期，清查工作重心主要在资产清查技术标准和体系的研究方面，虽然监管平台、信息分析及应用途径的研究较少，但资产清查成果如何作为资产负债、监管考核和所有者权益损失追责的依据一直是清查工作的重点研究方向。试点中期，资产清查成果数据如何与现有相关业务系统对接，如何直观和高效开展资产信息统计分析，所有者权益如何体现，清查价格体系与资源公示价有何关系且如何使用，这些问题在一定程度上均是对清查试点工作的考验。试点总结阶段，资产清查成果所反映的其他相关业务管理信息的问题得到了普遍的认可。基于清查试点成果数据，初步开展了应用途径的探索研究工作，为湖南省自然资源资产管理情况专项报告编制、自然资源资产负债表框架体系的构建、监督考核机制的建设、自然资源资产保护和使用规划编制、自然资源智慧平台提供了基础数据，强化了湖南省所有者权益管理基础。但全民所有自然资源资产动态监管平台、信息分析和应用机制尚未正式建立，经济价值成果如何使用、如何服务地方发展尚存在争议，这对清查试点成果的推广造成了一定的影响。为扩大资产清查工作的影响力，应进一步加强成果分析应用。

　　一是构建清查监管平台。全民所有自然资源资产清查数据涉及范围较广、处理过程复杂、与其他相关业务系统数据关系密切，为减少人工处理带来的误差和提高工作效率，充分利用云计算和大数据等现代技术手段，在数据系统基础上，逐步构建全民所有自然资源资产动态监管平台，做好与各资源门类现有相关业务的系统对接，方便相关数据的及时获取和比对分析，全面、准确、及时掌握中国全民所有自然资源资产家底和动态变化情况，以满足全民所有自然资源资产清查、核算、统计、对比、分析和监管等的需要。

　　二是健全信息分析机制。全民所有自然资源资产清查成果反映了各类全民所有自然资源资产的实物数量、质量、经济价值量、空间分布、使用权、配置、使用、收益、处分等现状，为更好地支撑国有自然资源资产管理工作，在清查成果基础上，逐步健全全民所有自然资源资产信息统计分析机制，反映各类全民所有自然资源资产的现状、变化及管理情况，形成年度清查数据、直报数据和业务管理数据等统计数据，编制统计年报、年鉴等数据成果报表，分析形成综合统计分析报告和专题统计分析报告等数据分析报告。

三是扩大成果应用途径。基于全民所有自然资源资产信息统计分析的成果，可以全面掌握家底情况，了解各类全民所有自然资源资产有什么、质量怎么样、分布在哪里以及增减变化情况，了解各类全民所有自然资源资产值多少钱、谁在用以及用得怎么样等情况，了解全民所有自然资源资产处置是否合理、所有者权益是否受损以及国有自然资源资产是否流失，为编制国有自然资源资产管理专项报告、全民所有自然资源资产储备管护、全民所有自然资源资产配置、全民所有自然资源资产保护和使用规划编制、支撑评价考核指标计算等提供依据。全民所有自然资源资产清查成果作为全民所有自然资源资产管理的底层基础数据，具有十分广阔的应用前景，需要长期的研究探索。各级、各地、各有关部门需要结合本级、本地区、本部门特点，共同创新分析方法，积极在实践中探索资产清查统计的应用路径。

参考文献

[1] 曹新元.我国矿产资源核算及其结果分析应用[J].国土资源情报，2005(2)：17-24，31.

[2] 陈红蕊，黄卫果.编制自然资源资产负债表的意义及探索[J].环境与可持续发展，2014，39(1)：46-48.

[3] 陈玥，杨艳昭，闫慧敏，等.自然资源核算进展及其对自然资源资产负债表编制的启示[J].资源科学，2015，37(9)：1716-1724.

[4] 邓世赞，王璟，邓新忠，等.自然资源资产清查统计系统设计与实现[J].中国国土资源经济，2022，35(10)：45-51.

[5] 杜乐山，刘海鸥，马超，等.自然资源资产负债表编制研究：以青海祁连山区为例[J].环境工程技术学报，2023，13(3)：1259-1268.

[6] 段宏.矿产资源资产负债表编制探讨[J].财会通讯，2018(16)：53-56.

[7] 段智勇.必要与可行：资源核算与折旧的理论和方法[J].经济纵横，1988(9)：26-30.

[8] 范振林，李晶，王磊.矿产资源资产价值核算方法探究：以铁矿为例[J].中国矿业，2020，29(9)：50-55.

[9] 范振林，李晶.矿产资源资产负债表编制框架探讨[J].中国矿业，2019，28(10)：13-18.

[10] 范振林.关于自然资源资产负债表编制的思考[J].中国矿业，2019，28(S2)：24-27，31.

[11] 范振林.浅论矿产资源资产资本"三位一体"管理[J].中国矿业，2011，20(4)：6-8.

[12] 封志明，杨艳昭，李鹏.从自然资源核算到自然资源资产负债表编制[J].中国科学院院刊，2014，29(4)：449-456.

[13] 付利钊，李永华，闻洪峰，等.河北省全民所有自然资源资产清查试点工作方法与实践[J].国土与自然资源研究，2021(3)：75-79.

[14] 付英.论矿产资源、资产、资本一体化管理新机制[J].中国国土资源经济，2011，24(4)：4-8，54.

[15] 高殿军，王志宏.矿产资源价值及其构成模型[J].辽宁工程技术大学学报(社会科学版)，2011，13(1)：31-34.

[16] 葛振华，赵淑芹，王国岩.多视角的我国矿产资源资产负债表研究[J].中国矿业，2017，26(9)：49-52，66.

[17] 耿建新，胡天雨.编制自然资源资产负债表搞好自然资源资产离任审计：美国GAO水资源审计的借鉴[J].财会通讯，2020(1)：3-12.

[18] 广东省土地调查规划院.广东省国有土地资源资产清查方法与实践[M].广州：中山大学出版社，2023.

[19] 何利，沈镭，陶建格，等.基于WSR方法论的自然资源核算与资产负债表编制[J].财会月刊，2019(9)：55-61.

[20] 何贤杰，朱国涛.矿产资源资产管理与评估[J].地质技术经济管理，1996(1)：1-6，12.

[21] 何贤杰.我国矿产资源核算的初步研究[J].数量经济技术经济研究，1990(11)：65-71.

[22] 黄萍.自然资源使用权制度研究[D].上海：复旦大学，2012.

[23] 季曦，刘洋轩.矿产资源资产负债表编制技术框架初探[J].中国人口.资源与环境，2016，26(3)：100-108.

[24] 孔含笑，沈镭，钟帅，等.关于自然资源核算的研究进展与争议问题[J].自然资源学报，2016，31(3)：363-376.

[25] 黎慧斌，黄昭，吴佳平，等.全民所有自然资源资产清查实物量变更方法研究[J].自然资源学报，2023，38(7)：1708-1718.

[26] 李金昌，高振刚.实行资源核算与折旧很有必要[J].经济纵横，1987(7)：47-54.

[27] 李金昌.关于自然资源核算问题[J].林业经济，1990(3)：8-14.

[28] 李金昌.资源核算及其纳入国民经济核算体系初步研究[J].中国人口.资源与环境，1992(2)：25-32.

[29] 李静.矿产资源资产评估若干问题的探讨[J].中国地质矿产经济，1994(7)：25-32.

[30] 李娜.关于全民所有自然资源资产负债表编制的探讨[J].中国矿业，2020，29(S2)：53-58.

[31] 李万亨，田入金.初论矿产资源资产评估[J].地球科学，1995(2)：138-143.

[32] 李小慧，刘国印，郑玉慧，等.矿产资源资产价值核算方法研究[J].中国矿业，2021，30(11)：18-22.

[33] 李秀莲，王志永.矿产资源资产评估及其产权收益实现途径[J].河北地质学院学报，1993(1)：103-108.

［34］李雪敏.自然资源资产负债表编制：评估要素、方法选择与研究展望［J］.内蒙古社会科学，2022，43（4）：123-131.

［35］李政，王孝德，范振林，等.全民所有自然资源资产核算框架与方法研究［J］.中国国土资源经济，2022，35（10）：30-38.

［36］连民杰，马毅敏.矿产资源资产化管理初探［J］.金属矿山，2000（2）：3-5.

［37］连民杰.矿山资源资产价值初探［J］.金属矿山，1998（10）：1-3，23.

［38］林碧海，张锦煦，文成雄，等.湖南省矿产资源资产清查试点工作实践与探讨［J］.国土资源导刊，2023，20（2）：114-118.

［39］刘金平，李秉顺，张贻广.矿产资源资产价格［J］.中国矿业大学学报，1997（3）：105-106.

［40］刘利.自然资源资产负债表编制的研究进展［J］.统计与决策，2022，38（12）：32-36.

［41］鲁芳."资源—资产—资本"视角下矿产资源资产负债表的编制［J］.财会月刊，2018（17）：87-91.

［42］罗伟.我国自然资源资产负债表编制的实践研究［J］.财会通讯，2023（5）：93-97.

［43］吕晓敏，刘尚睿，耿建新.中国自然资源资产负债表编制及运用的关键问题［J］.中国人口.资源与环境，2020，30（4）：26-34.

［44］马慧敏，刘娜.基于生态文明视角的自然资源资产负债表编制［J］.财会通讯，2020（3）：17-22.

［45］内蒙古自治区国土空间规划院.内蒙古自治区全民所有自然资源资产清查技术方法与应用［M］.北京：中国大地出版社，2022.

［46］蒲志仲，钟艳阳.矿产资源商品化、价值化和资产化刍议［J］.中南财经大学学报，1997（1）：126-130.

［47］曲丹红.矿产资源资产化管理探求［J］.住宅与房地产，2016（15）：81.

［48］沈志意，邱兰，蒋威，等.全民所有自然资源资产清查长沙试点的实践与思考［J］.国土资源导刊，2022，19（2）：87-91.

［49］盛明泉，姚智毅.基于政府视角的自然资源资产负债表编制探讨［J］.审计与经济研究，2017，32（1）：59-67.

［50］石吉金，王鹏飞，李娜，等.全民所有自然资源资产负债表编制的思路框架［J］.自然资源学报，2020，35（9）：2270-2282.

［51］孙家平，夏青.矿产资源核算体系的建立［J］.煤炭经济研究，2003（2）：28-30.

［52］孙长远.关于矿产资源价值问题的探讨［J］.中国地质经济，1991（3）：28-35.

［53］谭小兵，易璐，周玉.全民所有自然资源资产清查的广东实践与建议［J］.中国土地，2023（5）：44-47.

［54］陶树人.关于矿产资源资产化管理的几个问题［J］.煤炭经济研究，1997（1）：22-24.

［55］田亚亚，张永红，彭彤，等.全民所有自然资源资产清查理论基础与基本框架［J］.测绘科

学，2021，46(3)：192-200.

[56] 汪应宏，汪云甲，杨敏.我国推行矿产资源资产化管理存在的主要问题及其对社会经济的影响[J].有色金属，2001(2)：17-21.

[57] 汪云甲.矿产资源资产化管理的几个问题研究[J].煤炭学报，1998(5)：110-114.

[58] 王广成，李祥仪，熊国华.矿产资源资产化管理理论和方法的分析与展望[J].中国人口.资源与环境，1996(4)：49-53.

[59] 王广成，任满杰.矿产资源定价方法的实证研究[J].黄金，2001(12)：47-51.

[60] 王广成，闫旭骞，徐景伟，等.矿产资源纳入国民经济核算体系的理论与方法研究[J].管理世界，2002(2)：141-147.

[61] 王广成.矿产资源纳入国民经济核算体系的定价方法研究[J].软科学，2001(3)：13-16.

[62] 王俊杰.中国国家自然资源资产负债表编制：基于生态足迹方法[J].当代财经，2022(6)：123-138.

[63] 王立杰，陶树人.矿产资源计价模型的研究[J].中国矿业大学学报，1994(4)：96-100.

[64] 王沛东，吴艳君，赵丽娟，等.我国矿产资源资产清查制度建设研究[J].中国矿业，2022，31(6)：16-21.

[65] 王士亨.我国矿产资源所有权制度建设研究[D].太原：山西大学，2012.

[66] 王世军，白聚波.矿产资源资产的价值管理[J].中国矿业，2004(11)：14-16，24.

[67] 王书宏，李小慧，李腾超，等.自然资源资产负债表的核算体系研究[J].中国矿业，2020，29(12)：22-25.

[68] 王四光.对矿产资源资产管理与评估的思考[J].国有资产管理，1995(11)：25-28.

[69] 王艳利，杜春苗，宁卫远.全民所有自然资源资产负债表编制中土地资源价值核算体系构建[J].能源与环保，2021，43(4)：178-182.

[70] 王英哲，陈昕，孙默深.编制自然资源资产负债表的意义及探索[J].财会学习，2016(15)：114-115.

[71] 王玉平，滕寿仁，王维锋，等.全民所有矿产资源资产清查：辽宁省葫芦岛市级资产清查价格体系实证研究[J].矿产勘查，2023，14(10)：1885-1892.

[72] 吴文盛，张举刚.矿产资源资产产权管理研究[J].中国地质矿产经济，1995(9)：32-36.

[73] 武振国，李雪敏.自然资源资产负债表编制目标下的资产评估框架构建[J].统计与决策，2023，39(24)：5-10.

[74] 夏佐铎，姚书振.矿产资源资产经济价值的研究[J].中国矿业，2002(4)：18-20，24.

[75] 夏佐铎.矿产资源资产评估体系研究[J].科技进步与对策，2004(11)：97-99.

[76] 向建群，刘云忠，尤孝才.矿产的资源化、资产化、资本化三位一体管理的经济研究[J].中国矿业，2013，22(1)：37-40.

[77] 徐素波，张山，陈丽芬.自然资源资产负债表编制探析[J].财会月刊，2019(1)：79-85.

[78] 徐云珍.矿产资源价值形成及计量研究[J].商场现代化,2009(4):271-272.

[79] 姚霖,余振国.矿产资源资产负债表中资产确认的多维理论思考[J].财会通讯,2019(7):11-14.

[80] 张德州,杨俊山,刘素洁,等.县域全民所有自然资源资产清查实证研究[J].河南科学,2022,40(4):571-578.

[81] 张婕,刘玉洁,潘韬,等.自然资源资产负债表编制中生态损益核算[J].自然资源学报,2020,35(4):755-766.

[82] 张卫民,王会,郭静静.自然资源资产负债表编制目标及核算框架[J].环境保护,2018,46(11):39-42.

[83] 张颖,王智晨.自然资源资产负债表编制研究现状及其拓展[J].中国地质大学学报(社会科学版),2021,21(5):101-109.

[84] 张永红,刘小龙,陈淑娟.自然资源资产清查核算的宁夏实践[J].中国土地,2020(8):37-39.

[85] 张友棠,刘帅,卢楠.自然资源资产负债表创建研究[J].财会通讯,2014(10):6-9.

[86] 张玉梅.关于完善我国矿产资源资产国家所有者权益管理的思考[J].国土资源情报,2020(4):43-47.

[87] 郑晓曦,高霞.我国自然资源资产管理改革探索[J].管理现代化,2013(1):7-9.

[88] 仲冰."资源—资产—资本"视角下我国矿产资源价值实现路径研究[D].北京:中国地质大学(北京),2011.

[89] 仲丛生.论矿产资源资产化管理的对策[J].煤炭经济研究,2005(1):14-15.

[90] 朱道林,王健,张倩,等.自然资源资产核算国际比较与借鉴[M].北京:中国大地出版社,2022.

[91] 朱国祥,刘国仁,宋全祥.矿产资源资产化管理刍议[J].中国矿业,1992(1):43-48.

[92] 自然资源部自然资源所有者权益司.全民所有自然资源资产所有者权益管理[M].北京:商务印书馆,2023.